新时代
科技
新物种

具身智能
与空间智能

人形机器人应用

鲁俊群　李璇　著

清華大学出版社
北京

内 容 简 介

本书是一本探讨科技融合，特别是人工智能（Artificial Intelligence，AI）与机器人技术如何交织并重塑我们生活的书。从 AI 技术的跨越式发展到机器人技术的智能蜕变，书中不仅追溯了科技融合的起源，还深入探讨了具身智能与空间智能的实现技术。

本书以跨学科的视角和丰富的案例研究为重点，从无人驾驶汽车到手术机器人，从无人农机到教育领域的创新变革，为读者揭示了技术融合如何推动生产力的智能化飞跃和社会的深刻变革。

本书还探讨了技术融合对社会的深远影响，包括就业市场的转型、伦理与法律的新议题，以及全球科技融合的竞技场，尝试为那些渴望理解并把握科技趋势的读者提供一把打开未来之门的钥匙。

图书在版编目（CIP）数据

具身智能与空间智能：人形机器人应用 / 鲁俊群，李璇著. -- 北京：清华大学出版社，2025. 7. -- (新时代·科技新物种). -- ISBN 978-7-302-69619-3

Ⅰ. TP242.6

中国国家版本馆 CIP 数据核字第 2025XK9116 号

责任编辑：刘　洋
封面设计：徐　超
版式设计：张　姿
责任校对：王荣静
责任印制：刘　菲

出版发行：清华大学出版社
　　　　网　　址：https://www.tup.com.cn，https://www.wqxuetang.com
　　　　地　　址：北京清华大学学研大厦 A 座　　邮　　编：100084
　　　　社 总 机：010-83470000　　　　　　　　邮　　购：010-62786544
　　　　投稿与读者服务：010-62776969，c-service@tup.tsinghua.edu.cn
　　　　质 量 反 馈：010-62772015，zhiliang@tup.tsinghua.edu.cn
印 装 者：大厂回族自治县彩虹印刷有限公司
经　　销：全国新华书店
开　　本：170mm×240mm　　　　印　张：12.5　　　　字　数：184 千字
版　　次：2025 年 8 月第 1 版　　　　　　　　印　　次：2025 年 8 月第 1 次印刷
定　　价：79.00 元

产品编号：109708-01

关于空间智能的哲学思考

在人类文明的长河中，每一次跃迁从来都不是工具的胜利，而是智慧的觉醒。当我们步入智能城市、分布式认知与感知系统交织的新时代，一个根本性的问题浮现出来：

离开空间，智能是否还可能存在？

我的回答是：不可能。

空间并非一个被动的背景，而是智能得以发生的主动媒介。正如思维需要神经元，神经元需要网络，所有的智能系统都必须依赖空间结构的支持——中心与边缘、路径与阈限、节点与流动。基于这一本体立场，我提出"空间智能"的六大原理。这不是封闭的教条，而是指引我们走向未来的一种方向感。

空间智能六大原理如下所述。

1. 空间是智能的存在论基础

一切认知都需要位置、关系与结构。没有空间，便无以感知，亦无以组织。一个没有空间的世界，是一个无法思考的世界。

2. 智能是自我演化的空间系统

真正的智能不是静止不动的结构，而是不断成长的生命体。它能感知、能适应、能记忆，也能在空间中重构自身。从生物大脑到城市 AI，学习本质上是一种空间过程。

3. 智能通过多层结构而涌现

没有任何智能只存在于单一层级。它在传感器与街区之间、算法与建筑之间层层回响。意识，正是多层智能之间的共鸣所产生的能量。

4. 空间智能是多节点、异构的协同体系

智能的未来不属于一个中心。它属于多重大脑、多类代理、多元视角的协同网络。如同在自然界一般，真正的智慧在多样性与分布性中繁衍。

5. 空间智能通过集体学习而演进

没有任何一个智能系统是孤立的。城市因市民而学习，机器因使用者而成长。空间智能必须具备模仿、协作与共生的结构机制。

6. 智能永远是时空的

时间与空间从不分离。真正的智能能够记住过去、行动于现在、预判未来。空间智能不是静态的存在，它是节奏，是过程，是演化。

这些原理不只是理论，它们是建筑性的、系统性的。它们将决定我们如何建设城市，如何编码智能，如何理解生命本身。

如果说 20 世纪让我们拥有了可以计算的机器，那么 21 世纪让我们必须拥有能够学习、进化与共情的环境。

我们需要构建的不只是功能系统，而且是有理解力的系统；

我们需要设计的不只是服务空间，还是能回应的空间；

我们需要塑造的不只是效率，更是智慧的时空之器。

——中国工程院院士、瑞典皇家工程科学院外籍院士、

德国国家工程科学院外籍院士　吴志强

前言

在 2024 年这个被标记为人形机器人元年的历史时刻，我们迎来了人工智能（Artificial Intelligence，AI）与机器人技术的深度融合，这一融合不仅改变了技术发展的轨迹，也重塑了我们的工作和生活方式。本书应运而生，旨在探索这一变革的核心动力、实践应用以及未来趋势。

2025 年春天，《政府工作报告》明确提出"培育具身智能等未来产业"，并将其作为新质生产力的重要方向，标志着具身智能正式上升为国家战略。同时，报告要求"建立未来产业投入增长机制"，重点突破核心技术瓶颈，推动智能机器人等终端产品研发；在文化传承领域，AI 技术突破古籍修复与语义分析瓶颈，使千年文明遗产焕发数字化新生；在智能制造方面，AI 大模型深度赋能生产全流程，驱动中国科技制造业在全球竞争中形成"技术 + 效率"的双重优势。随着国产 AI 生态体系的加速构建，从底层算力基础设施的自主可控，到多模态技术的突破性进展，中国 AI 企业正通过开源协作与技术创新，持续拓展应用边界。

本书的写作背景根植于 AI 技术的跨越式发展和机器人技术的智能蜕变。随着大模型和生成式 AI 的助力，具身智能从理论迈向应用，成为全球人工智能领域的前沿热点。我们见证了人形机器人在工业生产中的崭露头角，它们在货物搬运、精细抓取零件以及产品质量检测中展现出了惊人的潜力。此外，具身智能的崛起也推动了未来生活变革，人形机器人不仅能为人类倒咖啡，还能与人类进行情感互动，展现出具身智能技术的强大潜力。

本书的写作目的在于为科技爱好者、行业专业人士以及对未来科技趋势感兴趣的广大读者提供一个全面的视角。本书不仅追溯了科技融合的起源与现状，还深入探讨了具身智能、空间智能的实现技术，并展望了这些技术在各行各业的应用实践与未来前景。本书引用了较多行业案例，并试图在此基础上预测未来发展趋势，我们预计，在欧美等高人力成本地区或国内某些特殊作业领域，人形机器人的商业价值将在 2028 年显现；到 2030年，人形机器人技术创新能力将显著提升，形成更加安全可靠的产业链供应链体系。

本书的主要特色在于其跨学科的视角和丰富的案例研究，涵盖了广泛的行业应用，从无人驾驶汽车到手术机器人，从无人农机到教育领域的创新变革，我们希望通过这些内容，为读者揭示技术融合是如何推动生产力的智能化飞跃和社会深刻变革的。

在本书的撰写过程中，我们得到了众多学者、行业专家以及技术先锋的支持和启发，在此表示衷心的感谢。我们期待与您一起探索科技融合的星辰大海。

敬请启阅。

作　者

目录

第1篇

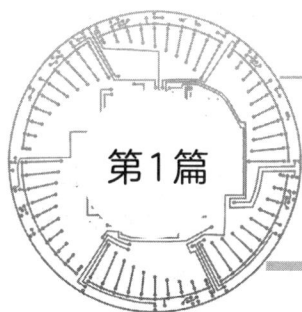

科技融合的
起源与现状

引言   AI与机器人技术如何从独立领域走向融合

2025 年，具身智能（Embodied Intelligence）技术正加速突破物理与数字世界的边界，推动机器人从"机械执行"向"自主决策"跃迁。作为杭州"六小龙"的核心成员，宇树科技与深度求索（DeepSeek）的协同创新，成为这一浪潮的典型缩影。

2025 年央视春晚上，宇树科技人形机器人 H1 以《秧 BOT》表演惊艳全球（如图 I.1 所示），其技术突破与应用潜力标志着具身智能走进日常生活的临界点已至。该系列机器人搭载先进 AI 驱动全身运动控制技术，能精准复刻传统秧歌的韵律与神韵，头部 3D 激光雷达（LiDAR）和 360° 全景感知系统使它们如同真人般规避碰撞、感知环境。表演中故意设计的"失误彩蛋"更展现出科技与人文趣味融合的创新思维，预示机器人未来将具备更强的交互亲和力。

图I.1   宇树科技人形机器人H1以《秧BOT》表演惊艳全球

从实际应用场景看，宇树 H1 身高 180cm、体重 47kg 的类人体型设计，已初步适配家庭服务场景需求。随着规模化生产推动成本下降，预计 3～5 年内其售价将降至万元以下，成为中等收入家庭的"智能管家"，承担端茶倒水、物品搬运、作业辅导等任务。而技术迭代将加速功能拓展——通过持续学习用户习惯，未来机器人不仅能执行指令，还能主动预判需求，例如在主人回家前调节室温、准备餐食。

这一趋势背后是多方合力的推动：政府通过政策引导加速科技创新与文化产业融合，企业的技术突破带来机器人运动控制、环境交互等核心能力的质变，市场对智能终端的旺盛需求则催生新经济增长点。正如春晚舞台将科技符号转化为文化记忆，具身智能的普及也将重塑生活方式，使人类从重复劳动中解放，从而能够专注于更具创造力的领域。当机器人能流畅完成东北秧歌的"转手绢"动作时，它们提菜篮、擦窗户的日常化服务，自然也就触手可及了。

宇树科技凭借全球领先的四足机器人技术，已实现工业巡检、应急救援等场景的规模化应用，其最新一代机器狗搭载 DeepSeek 自研的多模态大模型，可自主识别复杂环境，动态规划路径，并在化工园区巡检中实现故障预判准确率超 98%。而 DeepSeek 作为通往国产通用人工智能（Artificial General Intelligence，AGI）的领军者，其大模型技术不仅为机器人赋予"大脑"，更在医疗、教育等领域推动具身智能与行业需求的深度融合。宇树科技联合能源巨头打造的"AI 巡检员"，通过多传感器融合与实时数据分析，将传统人工巡检效率提升 10 倍以上，单台设备年降本超百万元。

浙江省以杭州"六小龙"为支点，整合机器人硬件、AI 算法与行业数据资源，形成了全球首个具身智能全栈技术链，吸引微软、特斯拉等国际巨头争相共建联合实验室。

未来 3 年，具身智能将呈现两大核心趋势。

技术融合深化：硬件（如柔性关节、仿生感知）与软件（如因果推理、多模态交互）的协同创新，将催生"感知—决策—执行"一体化的下一代机器人。

场景指数级扩展：从工业制造向医疗护理、农业种植、太空探索等长尾场景渗透，预计 2030 年全球市场规模将突破万亿美元。

人工智能（AI）与机器人技术的融合是一个快速发展的领域，近年来在国际上受到了广泛的关注。这种融合不仅推动了技术的进步，也为多个行业带来了革命性的变革。

波士顿动力公司开发的 Atlas 人形机器人在 2024 年 4 月展示了其最新版本。这款机器人具有 28 个电动关节，能够在复杂地形上行走，并且能够举起和操纵负载。Atlas 的设计考虑了工业应用，尽管尚未广泛应用于汽车工厂，但考虑到波士顿动力现在归现代汽车所有，这种应用可能很快就会实现。

具身智能的最终实现，或者说完美的具身智能，必须先要实现空间智能（Spatial Intelligence）。现有的尝试只是用大语言模型来作为具身物理体的大脑，但这肯定不完美，毕竟语言和文字只是展示一维的信息，并不是真正的理解物理世界本身，初期效果只是期望达到物理感知和语言大模型间的融合。而空间智能是实现了理解三维物理世界的智能，是把感知以及与物理世界互动所产生的新鲜数据再训练和建模，从而形成感知、推理、决策、行动的链条，这可能是通往最终的通用人工智能的路径。而人形机器人是具身智能的一种典型的应用形式。

美国斯坦福大学的李飞飞团队认为，空间智能是指机器在三维空间和时间中感知、推理和行动的能力。了解物体在三维空间和时间中的位置，以及与物理世界的互动如何影响其三维位置。三维位置在时空中交互，将机器从主机或数据中心中带到现实的三维世界中来，使其更好地理解三维和四维世界。

AI 技术，尤其是大模型，能够处理和分析海量数据，提供精准的决策支持。当这些能力与机器人的物理执行功能结合时，可以极大地扩展机器人在复杂环境下的应用范围，提升其自主性和适应性。例如，服务机器人在酒店服务、高级制造、医疗辅助等领域的应用，通过 AI 技术的提升，能够更精准地理解任务并生成控制代码，减少了对人工编程的依赖。

特斯拉的人形机器人Optimus在2023年12月展示了其第二代版本，具有更先进的执行器和传感器。Optimus在特斯拉工厂中进行了测试，能够执行精确的电池分类任务。它展示了在低容错率环境下的工作能力，并能自主修正错误。

根据特斯拉发布的视频，Optimus利用端到端神经网络技术，通过2D摄像头、手部触觉和力传感器收集数据，实时在FSD计算机上运行，以实现精确的电池单元分拣和插入托盘的任务。在这一过程中，Optimus能够自动定位下一个空闲槽位，并且在出现错误时，能够自主地从故障中恢复，调整动作以完成任务。

Optimus的这种自主性是通过大量的数据训练实现的。特斯拉通过人类远程操作机器人来收集数据，并对各种任务进行扩展训练。随着时间的推移，Optimus在工厂测试中的人工干预率持续下降，表明其自主性能正在不断提升。此外，Optimus的手部设计也是其能够进行精细操作的关键，其手部拥有22个自由度，能够进一步提高其操作的灵活性和精确度。

特斯拉CEO埃隆·马斯克强调，Optimus已经在执行工厂任务，并预计将在未来几年内更广泛地使用。Optimus的这些进步展示了人形机器人在工业自动化和智能制造中的巨大潜力，以及AI技术在机器人领域应用的快速发展。

大模型，特别是大语言模型在机器人任务级交互中发挥着关键作用。这些模型不仅包含大量的参数和高计算资源需求，还能够处理复杂的任务并取得卓越的性能。例如，谷歌DeepMind的研究者利用深度学习来加快发现新材料的过程，所用技术被称为"材料探索图网络（GNoME）"，已经预测了220万种新材料的结构，其中700多种已经在实验室中实现了合成。

特斯拉的Optimus人形机器人被设计用于执行传统上需要人工干预的任务，其应用范围不仅限于电池分类。Optimus的先进神经网络和特斯拉专有的AI技术使其能够处理复杂任务并适应多样化的操作环境。类似的一些潜在工业自动化任务包括：

（1）物体识别与分类：Optimus 能够识别和分类物体，如在工厂中对不同颜色的块进行分类并放入相应的托盘中。它甚至能够在动态变化的环境中继续执行分类任务，例如在人类工人移动块后继续进行分类。

（2）物流与仓储：Optimus 的自主导航能力使其能够在仓库环境中导航，从而优化仓库操作并减少人为错误。

（3）装配线任务：Optimus 的设计使其能够模仿人类动作，这使得它能够执行需要精细操作的任务，如组装线上的部件装配。

（4）材料处理：Optimus 可以处理重复性的材料搬运任务，减少人工劳动并提高效率。

（5）螺丝拧紧和组装：Optimus 可以执行螺丝拧紧和其他紧固应用，这些通常是工业产品中重复性高且易于自动化的任务。

（6）人形机器人与人类的协作：Optimus 被设计为能够在人类旁边安全工作，这为制造自动化提供了新的可能性，尤其是在装配领域。

（7）灵活的制造自动化：Optimus 可以推动制造自动化从传统的刚性自动化向适应性强、有弹性的自动化转变。

（8）模拟和数字孪生：通过模拟和数字孪生技术，Optimus 可以在实际部署前在虚拟环境中进行测试和验证，以优化其性能和安全性。

Apptronik 公司开发的 Apollo 机器人专为仓库作业设计，具有模块化设计，可以安装在不同的平台上。德国汽车制造商梅赛德斯—奔驰计划在其工厂测试 Apollo 的腿部版本，用于物流和装配套件交付。

Figure AI 公司制造的 02 机器人在宝马位于南卡罗来纳州的工厂中参与汽车组装，负责将金属片零件插入固定装置并组装成底盘的一部分。机器人领域的任务级交互指的是机器人能够从接收具体任务指令到完成具体动作的全过程中的自主操作。这种交互模式显著提高了机器人的操作效率和适用范围，因为它减少了人类操作者的介入，使得机器人能够在更广泛的环境和情境下独立作业。

相关研究进展表明，AI 与机器人技术的结合正在不断深化。例如，斯坦福大学以人为本人工智能研究所发布的《2024年人工智能指数报告》中提到，产业界继续主导人工智能前沿研究，并且人工智能在某些任务上胜过人类，但并非在所有任务上。此外，报告还指出，中国在人工智能专利数量上处于遥遥领先的地位，这表明中国在 AI 与机器人技术融合方面的研究和应用具有显著的全球影响力。

NASA 开发的人形机器人 Valkyrie 在 2023 年 7 月被部署在澳大利亚的石油和天然气生产设施中，展示了其在非结构化环境中的工作能力。

AI 与机器人技术的融合对经济产生了显著影响。例如，麦肯锡的调查显示，42%的受访组织报告部署人工智能技术降低了成本，59%的组织报告收入实现了增加。这表明 AI 技术正在推动业务效率的大幅提高。

随着 AI 与机器人技术的融合，相关的政策和法规也在不断发展。例如，美国的人工智能相关法规数量急剧增加，这表明政府正在积极参与，鼓励人工智能的发展，同时也在管理潜在的不利因素。

AI 技术，尤其是大模型，正在与机器人技术融合，提供更精准的决策支持和自主性。这种融合在工业自动化、智能制造、医疗辅助等领域的应用正在增加。机器人技术正在从传统的工业应用扩展到更广泛的领域，如农业、医疗保健、物流和服务业。这些应用不仅提高了效率，还有助于解决劳动力短缺问题。

中国政府在 2023 年 11 月发布了《人形机器人创新发展指导意见》，提出到 2025 年初步建立人形机器人创新体系，并在特种、制造、民生服务等场景实现批量生产和示范应用。AI 与机器人技术的融合正在推动技术进步和行业变革，从工业自动化到服务机器人的智能化，这种融合正在开启智能自动化的黄金时代。随着技术的不断发展和应用的广泛推广，我们可以期待未来会有更多的可能性和变革出现。

目前，国际和国内 TOP5 的人形机器人公司的主要发展路线各有侧重，通过不断的技术创新和应用场景探索，推动了人形机器人产业的发展。

例如，特斯拉的 Optimus 机器人在设计上借鉴了人类生物学特征，如膝关节骨骼和五指的生理结构，以提高其灵活性和操作精度。Optimus 的手部是最先进的五指灵巧机器人手之一，具有触觉感应功能，能够感知和处理各种物体。这种设计使得 Optimus 在执行任务时更加独立和有效，能够处理更复杂的任务，如电池分类和物品搬运。

特斯拉的 AI 技术在 Optimus 中的应用还包括使用特斯拉的全自动驾驶（FSD）控制器，这为机器人提供了高级的视觉处理能力和实时决策制定功能。通过这些技术，Optimus 能够在没有人类直接监督的情况下，自主完成复杂任务，如在工厂环境中移动电池和在家庭环境中处理待洗衣物等。随着技术的不断进步，Optimus 在未来的工业自动化和智能制造中将发挥越来越重要的作用。

特斯拉计划将其首先应用于汽车工厂，执行移动搬运、零部件装配等工业级操作，随后可能扩展至家庭服务等更复杂的环境，使其成为通用服务机器人。特斯拉的 Optimus 预计将在这两年量产，并在特斯拉工厂进行实用性测试。特斯拉的优势在于其可以直接嫁接 FSD 感知与算法、深度神经网络训练软硬件基础，且具备顶级的研发团队和成熟的汽车供应链。

还有老牌机器人公司波士顿动力（Boston Dynamics），波士顿动力以其卓越的运动控制和动态性能而闻名，其 Atlas 机器人展示了强大的平衡能力和越障能力。波士顿动力的人形机器人在运动性能上处于行业领先地位，其技术沉淀和多样化的下游应用使其成为该领域的主要玩家之一。

在大模型领衔的赛道上，1X Technologies 的人形机器人 NEO 采用了"无齿轮"设计理念，全身较为柔软，能够在几乎所有场景中安全作业。NEO 结合了先进的语言系统和智能自主运动模型，能够在与人类互动中自主学习，展示了具身智能的潜力。

国内机器人企业如智元机器人、优必选等，它们通常拥有一定的机器人技术积累，并在近年来开始发力人形机器人赛道。智元机器人的远征 A1 预计先应用在工业制造领域，随后逐步走向 ToC 应用。优必选的 Walker X 主要应用于科技展馆、影视综艺、商演活动、政企展厅等场景。

同时，AI 与机器人交汇贯通的过程中，互联网企业也杀出了一条血路，以小米、科大讯飞为代表的国内互联网企业也是人形机器人赛道的潜在竞争者。小米发布了CyberOne，专注于重建真实世界、实现运动姿态平衡、感知人类情绪。这些企业通常拥有强大的资金实力和算法技术，通过设立事业部或子公司的方式切入人形机器人赛道。

各公司在人形机器人领域的发展路线主要集中在技术创新、应用场景探索，以及与现有业务的协同效应上。随着技术的不断进步和市场需求的增长，人形机器人产业有望在未来几年内实现更广泛的商业化应用。

第1章 AI技术的跨越式发展

1.1 早期专家系统的局限性与突破

1.1.1 早期专家系统的局限性

AI技术的跨越式发展在人形机器人领域的体现是显著的。从早期的专家系统开始，AI技术经历了从局限到突破的过程。早期的专家系统虽然在特定领域内能够模拟专家的决策能力，但它们通常缺乏灵活性和自适应能力，难以处理复杂和多变的现实世界问题。

比如，DENDRAL——一个早期的化学专家系统，用于帮助识别有机化合物的结构。尽管 DENDRAL 在特定领域内表现出色，但它的知识和推理能力仅限于化学分析，难以扩展到其他领域。再比如，MYCIN，这是一个早期的医疗专家系统，用于辅助诊断细菌感染并推荐治疗所需抗生素。MYCIN 系统的主要局限在于它只能处理有限的几种疾病，且其决策树结构难以适应复杂多变的医疗情况。

随着时间的推移，专家系统开始采用机器学习方法来自动化知识获取过程。例如，Query by Analogy 系统能够通过学习新案例来扩展其知识库，减少了对专家的依赖。

为了解决早期专家系统缺乏常识推理的问题，研究者开发了如 CYC 项目，它试图构建一个包含广泛常识知识的数据库，使 AI 系统能够更好地理解和推理现实世界的问题。

早期专家系统通常采用确定性推理，难以处理不确定性信息。Probabilistic Reasoning 系统如 BAYESS（Bayesian Expert System Simulator）通过引入概率论来处理不确定性和模糊性，提高了系统的鲁棒性。

随着深度学习的发展，专家系统开始融合多种数据模态。例如，Watson（IBM 开发的问答系统）不仅能够理解自然语言，还能处理视觉和听觉数据，提供了更为丰富的交互体验。

现代 AI 系统如 AlphaGo 和 AlphaZero 通过深度学习和强化学习，能够自我对弈和学习，不断优化其策略和决策能力，这在早期专家系统中是难以实现的。

通过这些例子可以看出，早期专家系统的局限性在于它们通常只能处理特定领域的狭窄问题，缺乏灵活性和自适应能力。而随着 AI 技术的发展，特别是在机器学习、深度学习、多模态学习和强化学习等领域的突破，现代 AI 系统已经能够处理更加复杂和多变的问题，展现出更高的智能水平。

早期专家系统的局限性主要体现在以下几个方面：

（1）知识获取难题：早期专家系统依赖于专家知识，但知识的获取、表达和更新是一个复杂且耗时的过程。

（2）缺乏常识推理：这些系统通常缺乏对现实世界常识的理解，导致在面对未预见情况时表现不佳。

（3）难以处理不确定性：早期系统往往难以处理不确定性和模糊性，这限制了它们在动态环境中的应用。

在人工智能的发展历史中，技术进步是连续且有序的。其中，有几个重要的发展阶段，它们显著地推动了人工智能领域的发展。早期的人工智能系统主要依赖于人类输入的明确指令和知识。机器学习技术的出现，使得这些系统能够从大量数据中自动学习和提取模式。例如，IBM 的 Watson 系统能够自主地分析大量信息，并提供基于数据的答案，这标志着人工智能在自动学习和知识获取方面的一大进步。

1.1.2　早期专家系统的突破与深度学习的发展

深度学习技术的发展进一步扩展了人工智能的能力，特别是在图像和语音识别、自然语言处理等领域。它使得人工智能系统能够识别复杂的模式和细微的差别。例如，谷歌 DeepMind 的 AlphaGo 通过深度学习技术，不仅学会了围棋的策略，还在对弈中战胜了人类顶尖选手，这显示了人工智能在策略和决策方面的显著进步。

随着多模态学习技术的发展，人工智能系统开始整合多种类型的数据，如视觉、听觉和文本信息，以获得更全面的理解。例如，微软的 Cognitive Services 能够分析图像内容并生成描述，这表明人工智能在综合不同信息源和提供丰富输出方面的能力正在增强。

空间智能与具身智能的交互不仅体现在技术实施层面，更在于它们带来的思维方式的转变。随着智能系统的普及，我们开始重新审视人机协作的模式，强调人类与机器之间的互补性而非替代性。这一转变不仅影响了技术的设计，也改变了我们对工作的理解。

在未来的工作环境中，智能体将成为人类的合作伙伴，而不是简单的工具。通过增强的空间智能，这些智能体能够理解人类的意图，并根据环境变化作出快速反应。这一协作模式能够有效提升生产效率，减少人为错误。在教育领域，空间智能和具身智能的结合为学习方式带来了革命性的变化。通过虚拟现实（VR）和增强现实（AR）技术，学生可以在模拟环境中进行实践操作，如医学培训、工程设计等。这种沉浸式学习方式不仅提高了学习效果，也加深了学生对知识的理解。

在智能城市的建设中，空间智能和具身智能同样发挥着重要作用。通过部署无人机和自动化监测设备，这些技术可以实时收集城市环境数据，如空间地理信息、交通流量、空气质量等，帮助城市管理者制定科学的决策。这种基于数据的决策过程，凸显了智能体在复杂城市环境中对空间智能的需求。

这些技术的发展不仅是人工智能领域的技术突破，也是人类对智能本质理解的深化。

1.2　现代深度学习的革命性应用案例

1.2.1　深度学习在自动驾驶领域的应用

现代深度学习技术的发展已经带来了多个革命性的应用程序，这些应用正在改变我们与技术的互动方式，并让我们在多个行业中实现创新。

例如，在自动驾驶汽车领域，深度学习正在推动自动驾驶技术的发展。通过处理来自摄像头、传感器和地图的数据，深度学习模型能够训练车辆在交通中导航，识别路径和交通标志，并实时响应交通状况。例如，Uber的人工智能实验室正在使用深度学习来提升无人驾驶汽车的性能。

自动驾驶汽车的发展是深度学习技术应用的一个重要领域。深度学习通过模拟人脑神经元的工作方式，使得自动驾驶汽车能够处理大量数据，识别复杂的道路环境，实现环境感知、决策规划和控制执行等关键功能。

自动驾驶汽车利用深度学习算法，如卷积神经网络（CNN），来识别道路标志、交通信号灯、行人和其他车辆。这些算法能够从车载摄像头获取的图像中提取特征，提供车辆周围环境的详细视图。例如，特斯拉的自动驾驶系统通过深度学习模型，实现了从感知到控制的无缝连接，极大地提升了自动驾驶的效率和安全性。

在感知环境后，自动驾驶汽车需要作出决策，如何时加速、减速或转向。深度学习技术可以帮助汽车学习并模拟人类的驾驶行为，实现智能决策规划。深度强化学习（Deep Reinforcement Learning，DRL）通过试错学习，使自动驾驶汽车在不断尝试和反馈中优化驾驶策略。

自动驾驶汽车在作出决策后，需要执行相应的操作。深度学习技术可以帮助实现对车辆动力、制动和转向系统的精确控制。例如，基于深度学习的控制器可以学习并预测车辆在不同路况下的动态响应，以实现更平稳、更安全的驾驶。

随着技术的进步，自动驾驶汽车正逐步从试验走向商用化。多家科技巨头和传统汽车制造商正在推动自动驾驶技术的商业化进程，例如特斯拉、百度等公司正在进行大量的研究和测试。未来，自动驾驶技术有望构建起一个高效、安全、环保的智能交通生态系统，进一步提升出行效率和安全性。

笔者于 2024 年 12 月参访北京市高级别自动驾驶示范区，从具身智能与空间智能视角来看，其具有如下三个核心特点：

➢ 车路云一体化技术框架

示范区构建"车、路、云、网、图"五大协同体系，通过网联云控系统实现车辆与城市基础设施的实时数据交互，支持 L4 级以上自动驾驶车辆的规模化运行。其"多杆合一、多感合一"的路侧感知系统覆盖 28 个路口、110 处点位，形成全域动态感知网络。

➢ 具身智能的动态环境适配能力

自动驾驶车辆搭载多模态传感器（激光雷达、摄像头等）与自主决策算法，在复杂城市环境中实现精准导航与实时避障。例如，小马智行 Robotaxi 通过持续学习人类驾驶行为优化"老司机思维"，在动态交通场景中降低其车辆的驾驶难度。

➢ 空间智能驱动的城市级协同优化

云端智能中枢（三级云架构）整合全域交通数据，实现交通信号优化（车均延误下降 30%）、绿波带协调（道路平均速度提升 12.3%）等空间治理目标。高精度地图与数字孪生技术支撑虚拟测试环境与物理空间的映射验证。

在实际运行中，新石器、智行者等企业的无人车在南海子公园执行商品配送任务，支持 65℃保温餐盒与 -18℃冷藏雪糕的精准温控交付。

在全无人 Robotaxi 服务方面，小马智行自动驾驶车辆在亦庄全域开展常态化运营，2022 年年底实现全车无人化测试，累计自动驾驶里程超 1449 万公里。

在智慧物流调度方面，示范区部署无人配送车执行"最后一公里"运输，通过云端路径规划系统动态规避拥堵路段，日均完成 3000 多件物流订单。北汽与百度在改造停车场测试自主代客泊车功能，车辆通过 V2X 通信实时接收车位状态与路径指引，泊车效率提升达到 40%。无人环卫车与巡逻车在深夜执行街道清扫、安防巡检任务，其行动轨迹与城市管理需求实时匹配，能够减少70%的人工干预。

示范区正在推动自动驾驶技术从"单车智能"向"车、路、云一体化"升级（如图1.1所示），通过具身智能体与空间智能系统（如全域数字孪生平台）的深度融合，加速实现交通、制造、服务等领域的全场景自动化重构。

图1.1　北京市高级别自动驾驶示范区

同时，自动驾驶技术的发展也面临着技术安全性、法律法规、数据隐私保护等挑战。确保技术的可靠性和透明度，同时制定合理的监管框架，对于保护公众利益至关重要。随着自动驾驶汽车的普及，就业结构和社会习惯也将发生深刻变化，如何应对这些挑战将是未来政策制定者、行业参与者以及各利益相关方需要考虑的重要议题。

自动驾驶汽车在实际应用中遇到的技术难题依然很多。尽管自动驾驶技术取得了显著进展，但在硬件、软件和计算能力等方面的整合效果仍有待提高。例如，激光雷达穿透雨雾的能力有限，易受强光干扰；摄像头在夜间和恶劣天气中的感知灵敏度下降，这限制了自动驾驶系统在复杂环境下的性能。

自动驾驶功能的实现需要额外的成本，包括摄像头、激光雷达、V2V/V2I、处理器等。随着自动驾驶级别的提高，对算力的需求也显著提高，这导致车辆成本增加，可能限制了自动驾驶技术的普及。

自动驾驶不仅需要车辆自身的硬件和软件发展，还需要通信端、路端、云端等基础设施的支持，北京市高级别自动驾驶示范区的自动驾驶巴士已经开始在相关区域试运行（如图1.2所示），这将为北京市城市级交通网络延伸示范区4.0阶段奠定良好的基础。

图1.2　北京市高级别自动驾驶示范区的自动驾驶巴士

未来，北京将构建"自动驾驶北京环"（四环至六环），扩展机场、高铁站等枢纽接驳，并启动京津冀高速干线物流自动驾驶测试。当前示范区累计发放900张测试牌照，自动驾驶巴士日均处理物流订单3000多件，测试总里程超3200万公里（占全国总量25%），关键路口通行效率提升20%。

自动驾驶技术是数据驱动的，需要大量且场景丰富的数据来训练和迭代算法。然而，自动驾驶场景中的数据呈现出长尾分布特征，边缘场景（corner case）出现概率低，获取这些数据需要大量行驶里程的积累，这是非常耗时且成本高昂的工作。

随着自动驾驶技术的发展，现有的法律法规在权责认定、道德伦理等方面存在较大争议和缺失。例如，当自动驾驶车辆发生事故时，责任划分和赔偿责任等问题尚未明确，这限制了自动驾驶技术的进一步应用。

自动驾驶系统在处理复杂光照变化和极端天气条件下的表现仍有待提高。例如，在日出和日落时，自动驾驶车辆的事故率可能远高于人类驾驶，这表明自动驾驶技术在环境适应性方面还需进一步的技术突破。

不难看出，自动驾驶汽车的实际应用需要克服技术成熟度、成本、基础设施、数据丰富度和法律法规等多方面的挑战，才能实现更广泛的商业化。

1.2.2　深度学习在医疗领域的应用

在医疗领域，深度学习被用于早期诊断疾病，如癌症检测和癫痫发作预测。它还可以帮助医生通过分析医学影像来提高诊断的准确性，同时在药物发现和基因组分析中发挥作用。

例如，在癌症检测方面，深度学习算法，尤其是卷积神经网络（CNN），已被用于分析医学影像，以识别和定位肿瘤。比如，YOLOv8算法被用于开发癌症图像检测系统，该系统能够精确识别医疗图像中的癌症标记，支持图片、视频和实时摄像头输入，并具备热力图、类别标记、统计分析等高级功能。

在癫痫发作预测方面，基于深度学习的技术，如递归神经网络（RNN）和长短期记忆网络（LSTM），已被用于分析脑电图（EEG）数据，以预测癫痫发作。这些模型能够学习时间序列数据中的特征，从而提前预警患者可能的癫痫发作。

在医学影像分析方面，深度学习模型，如U-Net和EfficientNet，被用于医学影像的分割和分类任务。这些模型能够处理CT、MRI等成像数据，帮助医生进行更准确的诊断。

在药物发现方面，深度学习在药物发现领域的应用包括预测药物分子的生物活性和潜在毒性。通过分析大规模的生物医学数据，深度学习模型可以帮助识别潜在的药物靶点和药物分子，加速新药物的发现和研发过程。

另外，在基因组分析方面，深度学习技术也被用于分析患者的基因组数据，帮助医生识别潜在的遗传变异和风险因素，为个性化治疗提供依据。

这些应用展示了深度学习在医疗保健领域的潜力，尤其是在提高诊断准确性、预测疾病风险和加速药物研发方面。然而，这些技术的应用也面临诸多挑战，包括数据隐私和安全性、模型的可解释性以及数据多样性的处理等。

1.2.3　深度学习在计算机视觉等领域的应用

深度学习在计算机视觉领域的应用已经推动了图像识别和视频分析技术的显著进步，这些技术正在安全监控、内容过滤和社交媒体等多个方面发挥着重要作用。

在安全监控领域，深度学习技术被用于实时分析视频流，以识别异常行为或潜在威胁。例如，通过训练模型识别特定模式或行为，安全系统可以自动报警，提高响应速度和准确性。

在社交媒体上，深度学习技术被用于图像和视频的自动标记、分类和搜索。例如，Facebook 利用深度学习技术自动标记和组织用户上传的照片，使得用户能够更容易地找到和分享他们的内容。社交媒体和内容平台使用深度学习来自动过滤不当内容，如暴力、色情或其他违规内容。这些系统可以分析图像和视频内容，快速识别并处理不适宜公开展示的材料。

比如，谷歌的研究团队开发了一种名为"In Silico Labeling"的技术，它使用深度学习直接对细胞影像生成荧光标记，这种方法可以预测多种荧光标记，而无须对细胞进行实际的物理标记，这在生物学和医学研究中具有重要意义。

深度学习技术也在推动智能助理的发展，如 Siri、Google Assistant 等，它们通过深度学习来理解和响应自然语言命令，提供更加个性化的服务。这些智能助理不仅能够回答问题，还能执行任务，如设置提醒、播放音乐、发送消息等，极大地改善了用户体验。

深度学习技术还能不断创造更加沉浸式的 AR 和 VR 体验，通过理解用户的环境和行为来提供个性化的内容和交互。借助分析和理解用户的环境，深度学习技术能够在用户的 AR/VR 体验中精确地放置虚拟对象。例如，通过分析来自传感器的数据，AR/VR 系统可以识别并构建环境的 3D 模型，实现更智能的物体放置和交互。

AR 和 VR 还可以加强个性化内容呈现，深度学习算法可以根据用户的行为和偏好提供个性化的内容推荐。在教育和游戏应用中，系统可以根据用户的互动和反馈调整内容，提供定制化的体验。

比如，银河通用机器人在智能家居管理中，如图 1.3 所示，GALBOT G1 通过双臂协同与躯干伸缩能力（操作范围覆盖 0 ～ 2.4 米），可自主完成地面清扫、高处物品存取、衣物晾晒等任务。其"跪姿"模式支持稳定抓取地面杂物，"站立"模式可触及吊柜顶部，配合开柜门、抽屉等泛化技能，实现全屋空间智能管理。

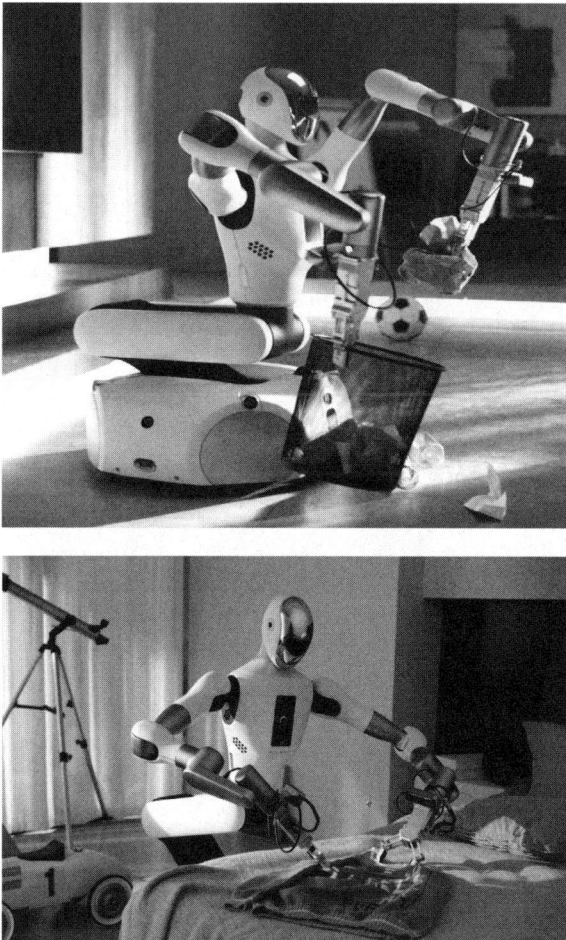

图1.3　银河通用机器人在智能家居管理环境中工作

基于多模态大模型技术，机器人可理解自然语言指令，执行夜间定时巡查、药品递送、跌倒监测等任务。例如，通过 VLM（视觉语言模型）识别儿童哭闹情绪并启动安抚程序，或为老人播放定制化健康提醒。

机器人还支持 65℃保温餐盒与 -18℃冷藏物品的精准存取，可以满足家庭热食保温、生鲜配送等需求。其移动底盘支持 360 度转向，可在狭小厨房空间内完成餐具整理、食材分拣等精细化操作。

在语音识别与交互方面，深度学习增强了 AR/VR 中的语音识别能力，使得用户可以通过自然语言与虚拟环境进行交互。这不仅提高了用户的沉浸感，也使得操作更加直观和友好。

由于深度学习技术的加持，互动式学习与培训成为可能的现实。在教育和专业培训领域，深度学习技术可以监测学习者的进度，并提供个性化的学习路径和即时反馈，从而提高其学习效率。

新的技术使得艺术家和创意工作者可以更好地创造出新的艺术形式和表达方式。例如，通过 AR 技术，艺术家可以在现实世界中叠加虚拟元素，创造出独特的艺术体验。

在零售和营销领域，AR/VR 技术结合深度学习为用户提供虚拟试穿、虚拟展示等服务，提升了购物体验和营销效果。VR 技术还能提供沉浸式的游戏体验，如《水果忍者 VR》等游戏，通过 VR 设备可提供更加真实的互动和娱乐体验。

这些应用案例展示了深度学习如何从理论走向实践，解决现实世界的问题，并在多个领域创造了新的可能性。随着技术的不断进步，我们可以期待深度学习在未来将带来更多的创新和突破。

第2章 机器人技术的智能蜕变

2.1 机械自动化的里程碑事件

2.1.1 机器人技术进化的关键节点

机器人技术的智能"进化"和机械自动化的里程碑事件是技术进步和创新的显著标志。人形机器人产业的发展经历了从概念到原型,再到商业化应用的过程。从本田 ASIMO、波士顿动力 Atlas 到特斯拉 Optimus,我们看到的机器人越来越智能:本田的 ASIMO 项目是早期人形机器人的代表,它展示了人形机器人在运动控制和交互能力上的潜力;波士顿动力的 Atlas 机器人以其卓越的运动能力和平衡性著称,能够在复杂地形中行走和执行任务;特斯拉的人形机器人 Optimus 则在执行重复性任务中,如搬运和装配,展示了 AI 技术在工业自动化中的应用潜力。

AI 技术的集成是人形机器人发展的核心。例如,Figure AI 的 Figure 02 机器人集成了 OpenAI 的 GPT-4o 多模态大模型,提升了机器人的常识推理能力和 AI 推理能力。这种集成使得机器人能够更好地理解和响应复杂指令,执行复杂的端到端任务。

人形机器人如特斯拉的 Optimus,通过集成先进的人工智能和机器学习技术,正在实现更加自然和精确的动作。Optimus 的更新版本展示了更流畅的动作和更长的步行距离,其动作频率已经接近人类,这标志着机器人在简单操作方面的技术进步。

随着技术的发展，机器人的核心零部件也在不断进步。新型的核心零部件，如高性能的伺服电机、先进的传感器和更高效的控制器，正在使机器人更加灵活和智能。

伺服电机是机器人精确运动控制的关键。现代伺服电机通过集成高级反馈装置（如编码器）和精密的控制算法，能够实现更高的位置精度和速度稳定性。例如，科尔摩根的 AKM2G 系列伺服电机提供了高转矩和功率密度，使得机器人能够执行更加复杂和动态的任务。

先进的传感器，如力传感器、触觉传感器和视觉传感器，使机器人能够更好地感知环境并进行交互。这些传感器的数据可以用于实时调整机器人的行为，使其能够执行更加精细的操作。

精密减速机是实现机器人关节的高精确度和高负载能力的关键。国内企业如北京智同精密传动科技有限责任公司通过正向设计方法，研发出与国际先进水平相当的精密减速机，打破了国外企业的垄断。

为了推动机器人技术创新与产业的发展，中国多地正在建立创新中心，整合产业链，搭建开源平台共享成果，集中攻关底层技术，培育形成新质生产力。

2.1.2　群体机器人技术的演进与应用

群体机器人技术的发展使得多台机器人能够协同工作，完成复杂的任务。这种技术在军事、消防、农业等领域有着广泛的应用前景。

在军事领域，群体机器人技术被用于执行多种任务，如监视、侦查、搜索与救援、人道主义排雷、入侵跟踪和威胁检测。例如，美国和俄罗斯在机器人集群领域的发展规划和最新应用研究成果表明，机器人集群在未来作战场景下将发挥主要作用，其能力包括编队、路径规划和目标搜索与处理等。这些机器人群体能够通过自组织行为和有限的通信能力产生涌现性的群体行为，形成新的作战模式和作战能力。

在农业领域，群体机器人技术被用于提高农业生产的智能化水平。哈尔滨工业大学研发的群体智能自主作业智慧农场技术，通过构建"天—空—地"一体化感知系统和多模态 AI 算法库，实现了农机对外部环境、农机主体、作业对象、操作主体等的感知技术。这项技术能够有效减少农业生产过程中对劳动力的依赖，提高农业机械化和智能化水平。

群体机器人技术的核心包括自适应感知与认知、自主作业控制与管理、群体智能协同作业与认知计算、智慧农场调度管理与协同。这些技术的发展，使得机器人群体能够实现实时无线通信、嵌入式认知计算、人机自主协同等。

群体机器人技术的未来发展趋势将集中在提高机器人个体的自主性、增强群体间的协同能力，以及提升整体系统的智能化水平上。随着技术的不断进步，群体机器人将在更多领域发挥更大的作用。

除此以外，在军事、消防、农业、核工业、太空等领域，特殊场景服役机器人正在发挥着越来越重要的作用。这些机器人被设计用来应对极端环境和特殊任务，展示了机器人技术的多样性和适应性。

军用仿生机器人如美国的"大狗"和"Spot"机器人，能够在复杂地形中携带装备，执行侦察和物资运输任务。俄罗斯的"天王星-9"无人战车机器人，装备有机关炮和导弹，能够进行远程遥控作战。这些机器人的设计减少了战场上士兵的风险，提高了作战效率。

特殊场景服役机器人如消防无人机群，利用群体智能进行自主灭火，通过自组织算法与基于物理学的火势蔓延模型相结合，能够有效应对野火等紧急情况。

核工业领域中，核环境作业机器人如在福岛核电站事故中使用的Packbot 和 Warrior 机器人，可进行现场状态探测和辐射区域监测。这些机器人搭载抗辐射加固、通信方法、光电探测、智能控制等关键技术，以应对高辐射环境的挑战。

特殊场景服役机器人如 NASA 的 Valkyrie，设计用于太空探索和执行复杂任务。这些机器人能够在极端环境下工作，如国际空间站的维护和火星探索等特殊任务。

2.1.3　机器人操作系统与云平台的重要性

机器人操作系统的发展推动了机器人的标准化和模块化，使得机器人能够更好地适应不同的应用场景。云服务机器人通过云计算技术提供更大的计算能力和资源，提高了数据处理和应用的效率。

机器人操作系统（ROS）和云平台在推动机器人技术发展方面发挥着重要作用。ROS 提供了一个灵活的框架，用于编写机器人软件，它包括工具、库和约定，旨在简化在各种机器人平台上创建复杂和健壮的机器人行为的任务。ROS 允许开发者构建模块化的机器人应用程序，这些应用程序可以跨不同的硬件和软件平台工作，从而促进了代码的重用和协作开发。

随着技术的进步，ROS 也在不断发展。ROS 2 是 ROS 的最新版本，它在多个方面进行了改进和创新。例如，ROS 2 支持更多的编程语言，如 C++、Python 和 C，提供了更好的跨平台兼容性。它还采用了基于 DDS（数据分发服务）的通信机制，增强了系统的实时性和安全性。此外，ROS 2 引入了新的编译系统 Ament，提高了性能和可扩展性。

云平台在机器人操作系统中的作用日益凸显。云服务机器人通过云计算技术提供更大的计算能力和资源，使得机器人能够处理更复杂的任务和数据。云平台可以实现机器人的远程监控、故障诊断、数据分析和工艺优化。例如，阿里云牵头的"工业机器人云平台"项目，通过云平台实现对生产流水线和自动化装备的机器人远程监控和维护，节省了运营成本。

与此同时，云平台还支持机器人操作系统的标准化和模块化，实现物理空间和数字空间的数字孪生，促进机器人的大规模应用。云服务机器人的"云端大脑＋本地机体"模式，为机器人提供了近乎无限的计算资源和存储能力，使得机器人能够执行更复杂的数据处理和应用任务，同时降低了对机器人本体硬件能力的依赖和成本。

1977 年，Jacques J. Vidal 开发了基于视觉事件相关电位的 BCI 系统，这是 BCI 一词首次被正式提出及应用。20 世纪 90 年代末，首个实时且可行的 BCI 系统被研发出来，定义了至今仍在采用的几种主要范式。2006 年，微电极阵列（MEA）出现，它能够记录运动皮层中数百个神经元的活动，从而控制机械手臂。2014 年国际足联巴西世界杯开幕式上，一名下肢瘫痪患者通过 BCI 控制的机械外骨骼成功开球，展示了 BCI 技术的实际应用潜力。2023

年,《自然》杂志发表了两篇 BCI 技术的重磅论文,展示了使用 MEA 和 ECoG 技术,使全身瘫痪者能够以接近自然交流的速度与他人沟通的进展。脑机接口技术的发展为残障人士提供了新的辅助手段,而生机电一体化技术则为人体和机器之间的交互提供了新的可能性。

我国国家重点研发计划"智能机器人"重点专项"生机电系统交互控制与行为融合"项目的启动,标志着生机电一体化技术在国家层面得到了重视和支持。2023 年,人形机器人 CyberOne 发布,它集成了生机电融合技术,能够模拟人的各项动作,展现了生机电一体化技术在人形机器人领域的应用。

这些技术的发展不仅为残障人士提供了辅助手段,还为未来人机交互提供了新的可能性。随着技术的不断进步,我们可以预见,未来这些技术将在医疗、教育、娱乐等多个领域发挥更大的作用。

2.2 智能机器人的现实世界应用故事

2.2.1 机器人技术从科幻走向现实

2024 年以来,具身智能和人形机器人成为资本市场的热门领域,科幻电影中的机器人技术正在逐步走向现实。类似杭州宇树科技等公司发布的人形机器人,是人形机器人商业化的重要标志。其发布的人形机器人 G1,身手敏捷,能够执行复杂动作,如空中劈腿和上下楼梯。宇树的 H1 和 G1 销量比较可观,逐渐成为行业内的对比对象。

宇树创始人王兴兴认为,虽然人形机器人领域受到关注,但机器人 AI 的发展还未达到突破临界点,预计还需要 3 ~ 5 年时间。大模型技术在人形机器人研发中得到普遍应用,尤其是在人机交互和行为规划方面,但单纯的大语言模型不足以满足机器人的全部需求。

宇树通过多年的经验在成本控制方面取得优势,使得 G1 能够以相对较低的价格上市,同时还能保持竞争力。业内普遍认为,人形机器人进入工厂工作是一个趋势,但目前仍处于试点阶段。

人形机器人在制造业工厂中的应用逐渐增多,它们被用于执行各种任务，如搬运、装配、检查和维护等。比如，特斯拉开发了名为 Optimus 的人形机器人，旨在执行重复性高、危险或者枯燥的工作。Optimus 的设计目标是在工厂环境中与人类工人一起工作，提高生产效率和安全性。

ABB 公司开发的 YuMi 是一款双臂协作机器人，它被设计用于电子组装等精密任务。YuMi 可以在没有安全围栏的情况下与人类工人一起工作，提高了生产线的灵活性。

FANUC 是工业机器人领域的领先企业，其 CR 系列人形机器人被用于执行搬运、装载和卸载任务。这些机器人具有高度的灵活性和精确性，能够适应多变的工厂环境。

KUKA 的 LBR iiwa 是一款轻型机器人，它的设计允许其在敏感环境中工作，如在人类工人旁边进行装配和检查任务。它的敏感力传感器可以在接触人类时停止运动以确保安全。

虽然本田的 ASIMO 主要是作为研究和展示目的的项目，但它在制造业中也表现出了潜力。ASIMO 展示了在复杂环境中的导航能力和执行精细操作的能力，这些技能在工厂自动化中非常有价值。

波士顿动力的 Spot 虽然主要是四足机器人，但它在工厂中也有应用，如进行巡检和数据收集。它的稳定性和移动性使其能够在各种地形上执行任务，包括那些对人类来说不安全的区域。

丰田的 Human Support Robot（HSR）是一款旨在辅助人类工人的机器人，它可以在生产线上搬运物品和执行简单的任务，减轻工人的负担。现代重工开发了 HUBO 机器人，它在工厂中用于执行重复性任务，如焊接和装配。HUBO 的设计允许它在狭小空间内工作，提高了工厂的生产效率。

这些案例展示了人形机器人在制造业中的多样化应用，它们不仅提高了生产效率，还增强了工作的安全性和质量。随着技术的不断进步，未来人形机器人在制造业中的应用将更加广泛。

2.2.2　机器人与大模型技术的融合

从"离身智能"到"具身交互"，具身智能强调物理实体与环境的动态交互，通过"感知—思考—行动"闭环实现自主决策，推动人形机器人向更高灵活性和适应性进化。例如，我国自主研发的Q系列人形机器人已具备复杂地形运动能力。空间智能作为延伸方向，研究人员正在探索其与具身智能的融合，例如无人机高空作业、自动驾驶汽车路测等场景的智能空间建模与协同。

在多个行业，具身智能展现出新的发展趋势：

工业领域：水下检修机器人、隧道清淤机器人等执行高危、高精度任务，提升核电、交通等行业的安全性。

服务业：机器狗在文旅场景中承担运输、宣传职能，人形机器人逐步进入养老陪护、家庭服务领域。

新兴产业：具身智能与生物制造、量子科技等交叉创新，催生新一代智能终端（如人工智能手机、智能网联汽车）。上游聚焦传感器、关节驱动等核心部件国产化；中游推动人形机器人量产成本下降；下游拓展医疗、农业等长尾场景。与6G、脑机接口等技术结合，构建"云—边—端"一体化智能系统，提升实时响应与群体协作能力。

相关专家预计，未来几年内将出现通用型的机器人AI模型。想象一下，在一个充满活力的工厂车间里，机器人如同一位沉默的工匠，不需要言辞，只需凭借一张照片或一个简单的数字指令，便能精准地完成其使命。它们的故事，不是通过言语来讲述，而是通过行动来演绎。它们的智能，不局限于语言的理解，而在于对视觉世界的洞察、对机械关节的精准控制，以及对周围环境的敏锐感知。

正如在ChatGPT诞生之前，众多的语言模型形成了"千模大战"，但最终，只有那些能够真正理解并适应人类需求的模型，才得以在时间的考验中留存下来。如今的人形机器人，正处在这样一个变革的前夜。虽然我们知道方向，虽然我们看到了曙光，但没有人敢断言哪一条路径将引领我们走向最终的辉煌。

大语言模型（如GPT、BERT等）旨在处理广泛的语言相关任务，如语言翻译、文本摘要、问答系统等，它们通常在大规模的文本数据上进行预训练，以获得强大的语言理解和生成能力。机器人大模型则专注于机器人特定的任务，如运动规划、物体操纵、环境交互等，它们需要理解物理世界并做出相应的动作。

大语言模型通常在大规模的文本数据集上进行训练，这些数据集的来源可能包括书籍、文章、网页等。机器人大模型则需要在包含机器人传感器数据（如视觉、触觉、声音等）的数据集上进行训练，以便更好地理解和操纵物理世界。前者可以涵盖任何需要自然语言处理的领域，后者则更多地应用于机器人操作系统中，如自动驾驶汽车、工业机器人、服务机器人等。

在优化方向上，大语言模型可能包括提高语言理解的深度、增强文本生成的多样性和准确性，机器人大模型则需要优化其对物理环境的感知能力、决策的实时性和动作的精确性。

包括 OpenAI 的 GPT 系列在内，它们能够生成连贯的文本，回答复杂的问题，并在多种语言任务上表现出色。机器人大模型，比如 Covariant 推出的 RFM-1，这是一个基于真实任务数据训练的机器人大模型，能够理解自然语言指令并将其转化为机器人的动作。

在实际应用中，机器人大模型需要与机器人的物理硬件紧密结合，处理多模态数据，并在实时性、鲁棒性方面有更高的要求。而大语言模型则更侧重于理解和生成文本信息，其应用场景通常在虚拟或模拟环境中。随着技术的发展，两者之间的界限可能会逐渐变得模糊，机器人大模型可能会借鉴大语言模型的一些技术和方法，以提升其智能水平。

特斯拉的人形机器人 Optimus 是一个具有高度灵活性和适应性的机器人，它能够执行从搬运重物到精细操作，如抓握鸡蛋等任务。Optimus 的行走速度较前代产品提升了 30%，并且其手指也进化出了感知和触觉功能，使其能够在特斯拉工厂中模仿人类操作进行电池的分拣训练。特斯拉计划在不久的将来生产超过 1000 个 Optimus，以协助完成生产任务。

2024 世界机器人大会（World Robot Conference，WRC）期间，科大讯飞展示了集成大模型和多模态强化学习控制的人形机器人，能够执行拿取可乐、行走等动作。这款机器人已经实现了复杂任务拆解成功率超过 95%，在开放场景下物体寻找成功率超过 85%，展现了 AI 大模型在提升机器人"智慧"程度方面的潜力。

商汤科技旗下的家用机器人品牌"元萝卜 SenseRobot"发布了元萝卜 AI 下棋机器人，这是一个能够与人进行国际象棋对弈的机器人。它通过机械爪拾取立体棋子，实现了人机对弈、人人对弈、记谱复盘等功能，拥有超越人类世界冠军的最高棋力水平。

帕西尼感知科技的多维触觉人形机器人 TORA 系列，拥有多自由度双臂和 4 指仿生灵巧手，双手上装备了近 2000 个自研 ITPU 高精度触觉传感器，能够进行精细的操作，如抓取草莓、鸡蛋等脆弱物品，甚至能够做出"比心"的动作。

优必选科技的人形机器人 Walker 系列，虽然在 2021 年至 2023 年上半年销售量不多，但其在技术研发和应用探索方面的努力成果，代表了人形机器人在家庭服务、教育、展览等领域的应用潜力。在 2024 世界机器人大会中，优必选科技展示了人形机器人的工业版 Walker S 系列，未来将逐步进入东风柳汽、吉利汽车、一汽红旗、一汽—大众青岛分公司、奥迪一汽等车企。

第3章　空间智能与具身智能

3.1　人工智能世界大模型：感知、推理与行动

3.1.1　空间智能与具身智能的含义

空间智能与具身智能是人工智能领域中两个密切相关但又有所区别的概念。空间智能通常指的是个体在三维物理空间及四维时空中的认知和推理能力，包括感知、推理、决策等方面。它强调的是对环境的理解和对空间信息的处理能力。而具身智能则是指智能系统具备物理形态，并通过这个形态与环境进行交互的智能。具身智能不仅需要空间智能所涉及的感知和认知推理，还进一步涵盖了机器人操作所需的高级运动规划和低级运动控制，以及由机器人本体与操作对象交互所定义出的类似人类操作能力的各类机器人"技能"。

在最新的科技前沿中，空间智能与具身智能的关系可以被视为一种递进的关系。空间智能为具身智能提供了基础的感知和认知能力，而具身智能则是在这些能力之上，通过实际的物理交互来实现更复杂的行为和任务。这种关系在实际应用中体现得尤为明显。比如，自动驾驶技术是空间智能和具身智能结合的典型例子。车辆通过搭载的传感器（如雷达、激光雷达、摄像头）来感知周围环境，这些传感器提供了空间智能所需的三维空间信息。然后，自动驾驶系统利用这些信息进行实时决策和路径规划，控制车辆的行驶，这就是具身智能的体现。自动驾驶汽车不仅要理解周围的空间环境，还要能够在这个环境中安全地导航。

在医疗领域，具身智能的应用之一是手术辅助机器人。这些机器人通过高精度的机械臂进行微创手术，需要具备高度的空间智能来理解人体复杂的内部结构。同时，它们还需要具身智能来执行精确的手部动作，这些动作通常由外科医生通过遥控操作或预先编程的指令来控制。这种系统结合了空间智能的精确感知和具身智能的精细操作能力。

另外，在家庭服务机器人应用中，需要具备空间智能来识别家中的物品和布局，例如通过视觉识别来避开障碍物。此外，它们还需要具身智能来执行清洁、搬运物品等家务任务。这些任务不仅需要对环境的理解，还需要机器人能够实际与环境进行交互，例如通过抓取器来移动物体。

在这些案例中，空间智能和具身智能的结合使得智能系统能够在物理世界中执行复杂的任务，提高了效率和效果。随着技术的不断进步，我们可以预见这两种智能的结合将在未来的应用中发挥更大的作用。

3.1.2　具身智能的核心及关键

具身智能是一个融合了多学科知识的概念，其核心思想是智能源于身体与环境的交互。从起源来看，具身智能的思想可以追溯到早期的哲学思考。在古希腊哲学中，亚里士多德就提出了"感觉—行动"相关的理论雏形，他认为认知与身体的感觉和行动是紧密相连的。这种早期的哲学思辨为具身智能的发展埋下了思想的种子。

在现代科学发展进程中，人类在具身智能方面逐渐从哲学思辨走向了科学研究。20世纪后期，随着认知科学、人工智能等领域的兴起，具身智能的概念得到了进一步的发展。早期的人工智能研究主要集中在符号处理和基于规则的系统上，但这种脱离身体和环境的研究方法在处理一些实际问题时遇到了瓶颈。

例如，在机器人研究领域，早期的机器人依靠预设的程序和算法来执行任务，它们缺乏对环境变化的适应性。随着研究的深入，科学家们发现如果让机器人具有类似生物的身体结构，并通过与环境的交互来学习和行动，能够更好地解决复杂问题。这促使具身智能研究从理论走向了工程实践。

如今，具身智能在工程实践中取得了众多成果。例如波士顿动力公司的机器狗 Spot，它具有灵活的四肢和多种传感器，能够在复杂的地形上行走、攀爬和执行任务。Spot 的设计体现了具身智能的理念，它通过身体的运动和传感器与环境交互，不断调整自己的行为。

身体结构是具身智能的基础。不同的身体结构决定了智能体与环境交互的方式。例如，轮式机器人适合在平坦的地面上快速移动，而多足机器人则更适合在复杂地形上行走。以昆虫机器人为例，它的多足结构使其能够在崎岖不平的地面上稳定行走。这种身体结构赋予了它独特的功能，如跨越障碍物和在狭小空间内移动。同时，身体结构还包括内部的机械和电子元件，如电机、传感器和处理器等，它们协同工作来实现智能体的各种功能。

感知—行动循环是具身智能的关键机制。智能体通过传感器感知环境信息，然后根据这些信息作出行动决策，行动的结果又会反馈到感知系统中，形成一个循环。

比如在自动驾驶汽车中，车辆通过摄像头、雷达等传感器感知周围的路况、车辆和行人的位置等信息（感知），然后根据这些信息控制方向盘、油门和刹车来作出驾驶动作（行动）。车辆的行动会改变其在道路上的位置和状态，这些新的状态又会被传感器再次感知，从而不断调整驾驶策略。具身智能体与环境的交互是其产生智能行为的源泉。环境交互包括对物理环境的操作和对社会环境的响应。

在工业机器人领域，机器人需要与生产线上的设备、原材料和产品进行物理交互。例如，在汽车装配车间，机器人通过抓取和安装零部件来完成汽车的组装，它需要精确地感知零件的位置和姿态，并根据环境的变化（如零件的微小变形）调整自己的动作。在社会环境方面，社交机器人需要与人类进行交流和互动。例如，服务型机器人在餐厅中需要根据顾客的语言指令和表情来提供服务，它通过语音识别、面部表情分析等技术与人类进行交互，从而调整自己的行为策略。

基于神经网络的具身认知模型是具身智能研究中的重要理论模型。在这种模型中，神经网络模拟生物神经系统的结构和功能，通过学习身体与环境交互的数据来发展智能。例如，在机器人学习抓取物体的任务中，神经网络可以通过大量的抓取实验数据进行训练。机器人在抓取过程中，其身体的传感器（如力传感器、触觉传感器、视觉传感器）会获取关于物体的形状、位置和材质等信息，以及抓取动作的结果（如是否成功抓取）。这些数据被输入到神经网络中，神经网络通过调整权重和阈值来学习如何根据不同的物体特征选择合适的抓取策略。

随着训练的进行，机器人能够逐渐掌握在不同环境下成功抓取物体的能力，这种能力是通过身体与环境的动态交互和神经网络的学习机制共同实现的。

3.1.3　空间智能的技术重点和主要应用

在计算机科学中，空间智能主要体现在计算机对空间数据的处理和应用上。例如，在计算机图形学中，通过算法来生成逼真的三维场景，这需要对空间坐标、物体的形状和位置等空间信息进行精确的处理（空间感知和空间表达）。在人工智能领域，空间智能也被应用于机器人导航、图像识别等方面，机器人需要具备对周围环境的空间感知能力，并通过空间推理来规划行动路线。

空间感知是空间智能的基础，它包括对位置、方向、距离等的感知。对人类来说，视觉、听觉和触觉等感官系统都参与了空间感知。例如，当我们看到两个物体的相对位置时，这是通过视觉系统进行的空间感知；当我们通过脚步声来判断自己与墙壁的距离时，这是利用听觉进行的空间感知。在技术应用方面，北斗系统是空间感知技术的典型代表。它通过卫星信号来确定物体在地球上的位置（经度、纬度和海拔高度），为导航等应用提供了基础。

空间记忆是指存储和检索空间信息的能力。在动物中，许多物种都具有出色的空间记忆能力。例如，蜜蜂能够记住蜂巢周围的花朵位置，以便高效地采集花蜜。在计算机领域，空间数据库用于存储空间信息。例如，在地理信息系统（GIS）中，空间数据库存储了城市的道路、建筑物、河流等地理要素的位置和属性信息。用户可以通过查询操作来检索特定区域的空间信息，这类似于人类的空间记忆检索过程。

空间推理是基于空间知识进行逻辑推断和决策的能力。例如，在建筑设计中，设计师需要根据建筑的功能需求（如房屋的用途、人员的流动）和场地条件（如地形、周边环境）进行空间推理，来确定建筑的布局和结构。

在人工智能领域，机器人在导航过程中需要进行空间推理。例如，当机器人遇到障碍物时，它需要根据当前的位置、障碍物的位置和目标位置进行推理，选择绕过障碍物的最佳路径。

空间表达是将空间信息以合适的方式呈现出来的能力。在人类中，绘图是一种常见的空间表达手段。例如，建筑师通过绘制建筑图样来表达建筑物的设计方案。在计算机科学中，有多种空间表达的方式。例如，通过三维建模软件可以创建逼真的虚拟场景，这是一种对空间信息的可视化表达；在地图绘制中，通过符号、颜色和线条来表示地理要素的位置和属性，这是一种抽象的空间表达。

认知地图理论描述了智能体如何在大脑中构建和使用关于环境的心理表征来指导行为。对人类来说，当我们在一个熟悉的城市中行走时，我们的大脑中会有一幅关于这个城市的"地图"，这幅地图包括了街道的布局、重要建筑物的位置等信息。

以老鼠在迷宫中寻找食物为例，老鼠在多次探索迷宫的过程中，会在大脑中形成关于迷宫路径的认知地图，它可以根据这个认知地图来选择最短的路径找到食物。在机器人领域，研究人员也借鉴认知地图理论来设计机器人的导航系统。机器人通过传感器不断地感知环境信息，在内部构建一个关于环境的地图（类似于认知地图），并根据这个地图来规划自己的行动路线。

3.1.4 具身智能与空间智能的关系

具身智能体的身体结构和运动方式对其空间感知和空间认知能力有着重要的影响。例如，具有全景视觉的机器人（如球形机器人）能够在一次观察中获取更广阔的空间信息，这有利于它对周围环境的整体感知。而对于具有轮式移动方式的机器人，其在直线运动时能够较准确地感知距离和方向，但在转向时可能需要更复杂的空间计算。

对比人类和四足动物，人类的直立行走方式使我们能够从较高的视角观察环境，有利于远距离空间感知；而四足动物的身体接近地面，它们在近距离空间感知和在复杂地形中的空间定位方面具有优势。例如，猫在跳跃时能够准确地判断距离和落点，这与其身体结构和运动方式密切相关。

空间智能能够为具身智能体的行动策略提供指导。例如，在机器人足球比赛中，机器人需要具备空间智能来感知球的位置、队友和对手的位置以及球门的位置（空间感知），然后通过空间推理来制定进攻或防守策略。

如果机器人发现自己处于对方球门前的有利位置（空间感知），并且通过空间推理判断出当前对方存在防守空隙，它会根据这些空间智能作出射门的行动策略。而在城市交通中，自动驾驶汽车需要根据交通标志、道路布局和其他车辆的位置（空间感知），通过空间推理来规划行驶路线和速度，以确保安全和高效的行驶。

在感知阶段，具身智能体通过其身体传感器获取空间信息。例如，视觉传感器可以获取环境中物体的形状、颜色和位置等空间信息；触觉传感器可以感知物体的表面纹理和接触位置等空间信息。以扫地机器人为例，它通过底部的触觉传感器感知地面的凹凸情况（空间感知），通过顶部的激光雷达扫描房间的布局（空间感知），这些空间信息是它进行后续行动的基础。

在决策阶段，具身智能体基于空间智能进行行为规划。例如，在无人机执行航拍任务时，它首先通过北斗卫星定位系统和视觉传感器获取自身位置和拍摄目标的空间信息（空间感知），然后根据拍摄的任务要求（如拍摄全景或特写）和周围的环境情况（如避开障碍物）进行空间推理，制定飞行路线和拍摄角度等行为规划。

丰翼于2019年7月22日获得民航局批准将无人机物流配送应用范围扩大至四川西部、云南北部的部分地区，助力扶贫攻坚工作（如图3.1所示）。这里属于典型的高原山区环境，常伴随着大风（20m/s）、大雨（8.5mm/h）、大雪、大雾等天气，环境复杂多变。川西高原松茸、虫草、川贝等产业处于相对原始状态，藏民凭经验采摘，运输困难且坏损率高。丰翼联合顺丰速运四川区，以松茸为切入点，落地基于无人机的全供应链解决方案，促使松茸良品率约提升 30%，助力藏民采挖效能约提升 56%。

图3.1　丰翼联合顺丰速运四川区以松茸为切入点落地基于无人机的全供应链解决方案

这得益于其在复杂环境下的自主感知与动态交互能力，通过多模态环境感知系统实时采集气象、地形数据，并结合自主决策算法调整飞行姿态与路径，保障稳定运输。这种"感知—决策—行动"闭环体现了具身智能的核心特征，即物理载体与环境的动态交互能力。

针对松茸、虫草等高原农产品的运输痛点，丰翼联合顺丰速运构建了无人机驱动的智能供应链：

采摘端：无人机搭载高清摄像头与定位模块，辅助藏民精准识别采摘区域，提升采挖效率 56%。

运输端：通过温湿度传感器与避障系统，实现生鲜产品低空快速转运，良品率提升近 30%。

数据反馈：飞行数据与供应链信息实时回传至云端，优化后续配送路线与仓储策略。

硬件创新：无人机采用轻量化复合材料与抗干扰通信模块，适应高原低压、低温环境。

算法升级：结合边缘计算与AI视觉技术，实现复杂天气下的自主避障与路径规划，降低人为操控依赖。

群体协作：多机协同执行运输任务，通过空间建模分配最优作业区域，提升整体配送效能。

在行动阶段，具身智能体利用身体动作来验证和更新空间知识。例如，建筑测量机器人通过移动到不同的位置（身体动作），使用激光测量仪测量建筑物的尺寸（空间感知），在测量过程中不断更新关于建筑物空间结构的知识。

又如，一个探索未知洞穴的机器人，在前进过程中（行动），不断地用传感器感知洞穴的地形和通道情况（空间感知），如果发现新的通道或障碍物，它会更新自己对洞穴空间结构的认知（空间记忆），并根据新的空间信息调整下一步的行动策略（空间推理）。

具身智能和空间智能在理论和实践上都有着紧密的联系，深入研究它们的相互关系和作用机制，对于推动人工智能、机器人学等多个领域的发展具有重要意义。

3.2 具身智能与空间智能的实现技术

3.2.1 具身智能的主要实现技术

在这个由数据编织的新时代，"AI+机器人"的融合如同一股不可阻挡的潮流，正引领着工业革命的新浪潮。这股力量，不仅仅是技术的叠加，更是现实与潜能的交汇点，它预示着一个全新的生产方式和生活方式的诞生。

具身智能，作为这一浪潮的核心，正逐渐从实验室的封闭空间走向开放的现实世界。

正如2024世界机器人大会上所展示的，25款人形机器人的亮相，不仅是技术的展示，更是对未来生活方式的一次大胆想象。这些机器人，从简单的搬运到复杂的交互，从单一的任务执行到多任务的协同，每一步的进步都是对"AI+机器人"融合力量的一次深刻诠释。

在工业领域，具身智能的应用更是展现出了巨大的潜力。它不仅能够提高生产效率，降低人力成本，更重要的是，它能够处理那些对人类来说过于危险或枯燥的工作。例如，特斯拉的 Optimus 二代，是一个机器人，更是一个能够与人类工人协同作业的伙伴。它能够在工厂中执行精确的装配任务，甚至能在复杂的环境下进行自主导航和避障。

然而，这股融合的力量也面临着挑战。如何将机器人的"大脑"与"小脑"有效地结合起来，如何让机器人在现实世界中更加灵活和智能，这些都是当前研究的热点。正如专家们所讨论的，生成式 AI 与机器人技术的结合，将为机器人带来革命性的新功能。它不仅能够使机器人更进一步地泛化任务处理能力，还能增强它们对新环境的适应性，并提升其自主学习与进化的能力。

在这个过程中，数据和模拟技术的作用不容忽视。它们为机器人提供了学习和进化的"土壤"。通过大量的数据训练和模拟测试，机器人能够不断地优化自己的行为，提高对复杂任务的处理能力。这种从模拟到现实的迁移，是具身智能发展的关键。

视觉传感器在具身智能体中起着至关重要的作用。例如在自动驾驶汽车中，摄像头作为视觉传感器，能够捕捉周围环境的图像。通过对这些图像的处理，汽车可以识别道路标志、交通信号灯、其他车辆和行人等。基于视觉传感器获取的信息，自动驾驶汽车可以作出诸如减速、加速、转弯等操作决策。

在机器人领域，触觉传感器让机器人能够感知与物体的接触。以工业装配机器人为例，触觉传感器安装在其机械手上，当它抓取零件时，触觉传感器可以检测到零件的形状、质地和抓握力。这有助于机器人精确地控制抓握力度，防止零件滑落或损坏。

惯性传感器能够测量具身智能体的加速度、角速度等运动状态信息。在无人机飞行中，惯性传感器可以帮助无人机了解自身的姿态和运动方向。例如，当无人机遭遇气流干扰时，惯性传感器能够迅速检测到姿态的变化，进而通过控制系统进行调整，确保飞行的稳定性。

电机是具身智能体常用的执行器之一。在扫地机器人中，电机驱动轮子转动，使扫地机器人能够在房间内移动。通过控制电机的转速和转向，扫地机器人可以实现前进、后退、转弯等动作，从而完成整个房间的清洁任务。

在一些大型的、需要较大力量的具身智能体中，液压装置被广泛应用。例如建筑施工中的挖掘机器人，液压装置能够为其机械臂提供强大的动力，使其能够轻松地挖掘和搬运重物。

在软件架构和算法方面，反应式控制是一种简单而有效的基于行为的控制算法。以避障机器人为例，它只根据当前环境的直接反馈作出行动。当机器人的距离传感器检测到前方有障碍物时，它会立即触发避障行为，例如转向或后退，而不需要对整个环境进行复杂的建模和分析。这种算法的优点是反应迅速，能够在简单和动态环境中很好地工作。

在机器人探索未知环境中，强化学习得到了广泛应用。例如迷宫探索机器人，它通过不断地尝试不同的动作（如前进、左转、右转等），并根据获得的奖励（如到达目标位置获得高奖励，碰到墙壁获得低奖励）来学习最佳的行动策略。经过多次的试验和学习，机器人能够找到走出迷宫的最优路径。

在图像识别领域的具身智能体中，深度学习算法大显身手。以智能安防机器人为例，它利用深度学习算法对摄像头捕捉到的图像进行分析。通过大量的图像数据进行训练，机器人能够准确地识别出可疑人员、危险物品等，从而采取相应的报警或监控措施。

3.2.2　空间智能的主要实现技术

在空间智能的实现技术方面，激光雷达、立体视觉、高精度定位技术都非常重要。例如，激光雷达通过发射激光束并测量反射光的时间来获取环境的三维空间信息。在无人驾驶领域，激光雷达是关键的空间感知设备。它可以精确地扫描车辆周围的环境，生成点云数据，这些数据能够反映出周围物体的位置、形状和距离。在复杂的城市道路环境中，激光雷达能够帮助无人驾驶汽车识别道路的边缘、其他车辆的轮廓和行人的位置，为安全驾驶提供重要保障。

立体视觉技术利用两个或多个摄像头从不同角度拍摄同一物体，通过计算视差来获取物体的深度信息。在机器人操作场景中，如工业机器人进行零件抓取时，立体视觉可以帮助机器人准确地判断零件的三维位置和姿态。例如，在电子装配车间，机器人通过立体视觉系统能够精确地识别和抓取微小的电子元件，提高生产效率和装配精度。

在户外环境中，北斗卫星定位系统为智能体提供了全球定位功能。例如在物流运输中，安装了北斗卫星定位系统的货车能够实时获取自己的位置信息，物流公司可以根据这些信息对运输路线进行优化和监控，确保货物按时送达。在室内环境中，由于北斗信号受到限制，室内定位系统发挥作用。例如在大型商场中，室内定位系统可以帮助顾客通过手机应用找到自己想要的店铺位置，同时商场管理人员也可以根据顾客的流动情况进行店铺布局和营销策略的调整。

在获取空间数据时，往往会受到噪声的干扰。例如激光雷达在扫描环境时，可能会因为环境中的灰尘、光线反射等因素产生噪声点。通过滤波技术，如均值滤波、中值滤波等，可以去除这些噪声点，提高数据的质量。在多传感器环境下，需要对不同传感器获取的数据进行融合和特征提取。例如在智能安防系统中，将摄像头获取的图像数据和红外传感器获取的热成像数据进行融合，可以更全面地了解监控区域的情况。通过特征提取技术，可以从融合后的数据中提取出关键的特征，如可疑人员的面部特征、行为特征等，用于进一步的分析和识别。

在地理信息系统中，空间分类技术被广泛应用。例如通过对卫星遥感图像进行空间分类，可以将土地分为不同的类型，如农田、森林、城市建筑等，为土地利用规划和资源管理提供依据。在智能监控场景中，基于机器学习和人工智能算法的目标识别和场景理解技术发挥着重要作用。例如，通过深度学习算法对监控视频进行分析，智能系统能够识别出视频中的人物、车辆等目标，并理解场景的含义，如判断是否发生了交通事故、人群聚集等情况。

空间数据库用于有效地存储和管理空间数据。例如在城市规划部门，空间数据库存储了城市的地形地貌、建筑物分布、道路网络等空间信息。城市规划师可以通过查询空间数据库，获取相关的空间数据，进行城市规划和设计，例如在设计新的公交线路时，通过查询空间数据库中的道路和人口分布信息，合理规划公交线路，提高公共交通的服务效率。

语义网络可以将空间知识以语义关系的形式进行组织。在知识图谱的构建中，语义网络用于表示地理空间知识。例如在旅游推荐系统中，语义网络可以将旅游景点的位置、景点之间的距离、景点的类型等空间知识进行关联。当游客查询旅游信息时，系统可以根据语义网络中的知识，为游客推荐合适的旅游路线和景点。

3.2.3 具身智能与空间智能的融合方案

在具身智能与空间智能融合的技术方案中，多传感器融合框架通过整合不同类型传感器获取的空间信息和具身智能体的自身状态信息，能够实现更准确的环境感知和行为决策。例如在智能机器人探索未知环境的场景中，机器人可能配备了视觉传感器、激光雷达、惯性传感器等多种传感器。视觉传感器可以获取环境的色彩和纹理信息，激光雷达可以获取精确的三维空间结构信息，惯性传感器可以提供机器人自身的运动状态信息。通过多传感器融合框架，将这些信息进行综合处理，机器人能够更全面、准确地感知环境。

关键技术在于信息融合算法，这是实现多传感器融合的核心。在上述机器人探索环境的例子中，可以采用卡尔曼滤波算法进行信息融合。卡尔曼滤波可以根据各个传感器的测量精度和可靠性，对不同传感器的数据进行加权融合。对于激光雷达测量精度高的距离信息和视觉传感器测量精度高的颜色纹理信息，通过卡尔曼滤波进行合理融合，便可以得到更准确的环境描述。

协同控制策略是二者融合的重要体现，这种策略的主要表现是：使具身智能体在复杂环境中根据空间智能提供的信息动态调整其运动轨迹和行为模式。以救援机器人在地震废墟中进行救援为例，机器人需要根据激光雷达和立体视觉获取的废墟空间结构信息（如通道的宽窄、障碍物的位置），通过协同控制策略调整自身的运动轨迹和机械臂的操作动作。如果发现狭窄通道，机器人会调整自身的姿态和速度小心通过；如果发现幸存者被掩埋在废墟下，机器人会根据空间信息规划机械臂的挖掘路径，实施救援操作。

具身智能和空间智能的实现技术以及它们的融合方案，为智能体在复杂环境中的高效运作提供了有力保障，并且在众多领域有着广阔的应用前景。

丰翼科技方舟150无人机在云南普洱山区（地形陡峭、无公路通行）运输光伏板等工程物资时，通过多模态传感器融合技术（如激光雷达、视觉摄像头）实时采集地形数据，结合自主避障算法动态调整飞行路径，规避山坳、陡坡等障碍物，实现了复杂地形的稳定飞行（如图3.2所示）。

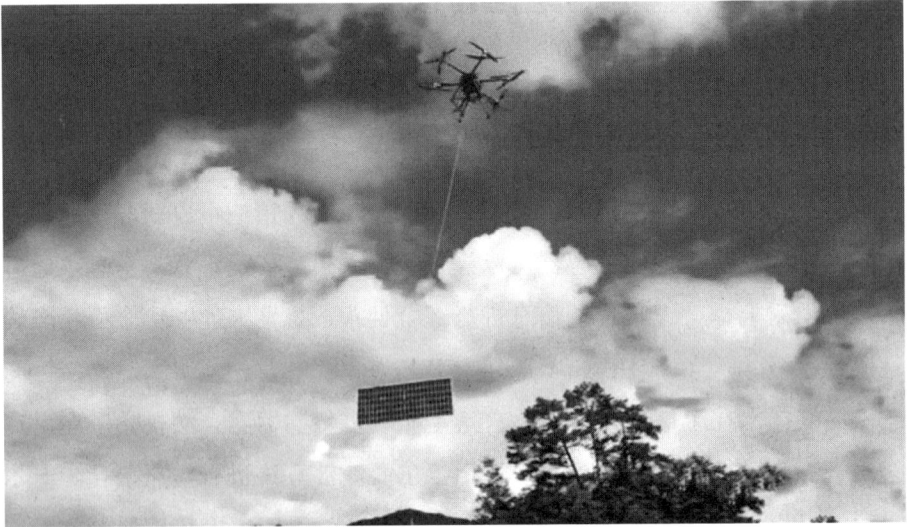

图3.2　丰翼科技使用大载重无人机方舟150在山坳及山体陡峭地带运输工程物资

方舟150采用轻量化复合材料机身和高效动力系统，单次最大载荷达150公斤，每日运输量达5～7吨，突破了传统人畜运输效率极限；搭载边缘计算模块，实时处理气象数据（如风力、湿度）和地形信息，通过AI算法快速生成最优运输路径，降低了人工干预需求；结合5G和低空物联网技术，能够保障山区信号弱环境下的远程操控与数据回传稳定性。

相比传统人力运输（成本高、日均运力不足1吨），无人机运输将效率提升5倍以上，缩短了光伏电站建设周期；避免施工人员攀爬陡坡、牲畜失足等风险，实现"零伤亡"物资运输；针对山区多雨、多雾天气，无人机通过防撞设计和冗余控制系统保障飞行安全。

3.3　具身智能、空间智能和生成式技术的融合发展

Genesis 引擎通过"生成式物理建模＋时空连续体模拟"的技术架构，实现了物理规律与生成式 AI 的深度融合。其核心创新在于构建了可微分物理引擎与神经辐射场（NeRF）的协同系统，使得物理世界的刚柔耦合特性（软体动力学与刚体运动）能够以前所未有的时空连续性（4D 动态模拟）进行建模。这种将物理先验注入生成式模型的技术路线，成功解决了传统仿真系统在模拟精度、计算效率与生成多样性之间的"不可能三角"问题。

在空间智能维度，Genesis 通过引入神经符号系统实现了对复杂空间关系的层次化解析。其空间编码器能实时构建场景的拓扑语义图，将物体的几何属性、材料特性与物理行为编码为可解释的符号表征。这种融合几何深度学习与符号推理的混合架构，使得智能体不仅能感知空间结构，更能理解物理约束下的因果关系。

Genesis 的突破性在于构建了"模拟即训练"的闭环系统。其物理精确的机器人策略生成模块通过强化学习与逆动力学的协同优化，可将训练周期缩短至传统方法的 1/50。特别是在软体机器人领域，引擎内置的粘弹性本构模型能精确模拟生物肌肉的滞回特性，使得类生命体机器人的运动控制首次实现了全物理保真度仿真。CMU 的研究团队已成功将引擎生成的章鱼机器人触手操控策略零样本迁移至实体机器，验证了模拟与现实的无缝衔接。

引擎整合的物理约束生成对抗网络（PC-GAN）技术，开创了符合物理规律的跨模态内容生成。在视频生成领域，其时空一致性保障机制能确保每帧画面的物理状态连续演变，解决了传统方法中物体运动失真的顽疾。据项目组披露，Genesis 生成的流体模拟视频在 PSNR 指标上比主流方法提升了32%，同时计算耗时减少了 80%。

通过融合语音合成引擎与面部肌肉动力学模型，Genesis 实现了声学信

号—面部表情—肢体动作的物理一致性生成。其多模态耦合系统能精确模拟声带振动引发的颈部肌肉微运动，以及情绪波动导致的皮肤血流变化，将数字人的拟真度推向了新高度。在医疗康复领域，这种技术已用于创建具有生物力学真实度的虚拟患者，可用于帮助医生进行手术预演。

Genesis 的开源战略正在重塑技术生态格局。其模块化架构支持研究者自由替换物理求解器（如将传统 FEM 替换为神经 PDE 求解器），并提供了从分子动力学到天体物理的多尺度模拟接口。这种开放性催生了跨学科创新：MIT 的研究团队基于引擎内核开发的量子 - 经典混合模拟器，已能处理纳米机器人领域的量子隧穿效应；斯坦福的研究团队则利用其扩展接口实现了超材料特性的自动探索。

在产业应用层面，Genesis 推动的"物理精准生成"正在重构多个行业基准。游戏产业中，育碧公司基于引擎开发的动态材质系统，能实时生成符合材料力学的破坏效果；电影工业里，工业光魔利用其视频生成模块，将特效制作周期压缩了 70%；更具颠覆性的是建筑领域，扎哈事务所使用 Genesis 的交互场景生成功能，实现了结构力学性能与空间美学的同步优化。

当前，技术前沿正沿着三个维度深化发展：在物理建模层面，研究者致力于将引擎升级为量子 - 经典混合模拟系统，以处理纳米机器人等微观尺度问题；在认知架构层面，探索如何将引擎的物理常识注入大语言模型，构建具有物理推理能力的通用 AI；在硬件协同层面，英伟达等企业正在开发专用加速芯片，以实现物理模拟的实时交互。

值得关注的是，Genesis 引发的"物理智能"革命正在催生新的学科交叉点。在最新进展中，加州理工学院的研究团队将该引擎与合成生物学结合，成功预测了人工蛋白质折叠的动力学路径；牛津大学研究者则利用其天体物理模块，探索系外行星大气运动的生成式模拟。这种跨域融合预示着，物理模拟引擎正从工具性平台进化为科学发现的"数字孪生大脑"。

这场由 Genesis 引擎引发的技术海啸，标志着智能技术发展开始从"数据驱动"转向"物理约束下的创造"。当生成式 AI 获得真实世界的物理法则约束，当空间智能突破几何表征迈向因果推理，当具身智能在超真实环境中加速进化——我们正在见证通用人工智能发展路径的根本性转折。这种融合不仅重新定义了技术边界，更在重塑人类认知和改造物理世界的方式在这个虚实交融的新纪元，物理规律本身正在成为可编程的智能基元。

3.4　具身智能与灵巧手

3.4.1　具身智能大模型的特点

星动纪元科技有限公司近期发布了端到端原生机器人大模型 ERA-42，该模型与自研的五指灵巧手星动 XHAND1 相结合，实现了仅凭一个具身大模型即可驱动五指灵巧手完成超过 100 项复杂精细的操作任务。这些任务包括拿起螺钉并用电钻紧固、用锤子敲打钉子、扶正水杯并倒水等高难度动作。

ERA-42 通过整合视觉、语言、触觉和身体姿态等多模态信息，能够有效地将功能泛化到不同的任务和环境中。它的端到端设计使得模型可以从接收全模态数据到生成最终的决策和动作无须人为干预，大幅提升了灵活性和开发效率。ERA-42 展现了强大的自适应和泛化能力，能在短短两小时内通过收集少量数据快速学习执行新的任务。

ERA-42 模型处理不同模态信息的方式主要体现在以下几个方面。

（1）统一模型泛化：ERA-42 通过构建一个统一的原生模型，融合视觉、语言、触觉和身体姿态等全模态信息，实现对不同任务和环境的泛化能力。这种设计使得模型能够适应多变的环境和任务需求。

（2）端到端学习：ERA-42 采用端到端的学习方法，直接从全模态输入到最终输出，无须中间的人为干预，提升了灵活性与开发效率。这意味着模型能够自动从数据中学习特征，而不需要人工设计特征或预编程。

（3）数据驱动的自适应和泛化：ERA-42 基于大规模视频数据学习策略，通过学习行动后的结果掌握因果关系实现完全泛化。这种方法使得模型能够从大量的数据中学习并适应新的任务，而不仅仅局限于模仿特定的动作。

（4）世界模型融合：ERA-42 将世界模型融入原生机器人大模型中，使其不仅具备行动能力，还具备对物理世界的理解能力。这种融合使得模型能够预测未来的行为轨迹，并在执行任务时迅速适应外部环境的变化。

（5）预测与行动联合学习：ERA-42 通过联合去噪过程，学习如何通过行动改善预测，以提升任务执行的高效性和准确性。这种联合学习机制使得模型在执行任务时能够持续优化行为，以确保任务的顺利完成。

ERA-42 模型理解物理世界的方式主要是通过融合世界模型技术，使其不仅具备行动能力，还能够理解物理世界和预测未来行为。ERA-42 能够对环境建模并就任务执行进行逐帧预测。例如，在展示真实物理世界中打开冰箱的操作时，ERA-42 能够对这一任务进行逐帧预测，并且预测结果与真实操作非常接近。这表明模型能够准确预测物体遮挡关系、动作时序等物理规律，并且能够进一步预测打开冰箱门后可能放置的物品。

ERA-42 的融合世界模型技术减少了对高质量数据的依赖，显著降低了数据收集的成本。这意味着 ERA-42 能够通过较少的数据学习并理解物理世界，提升了模型的泛化能力和任务成功率。

ERA-42 通过基于大规模视频数据的预训练，只需采集少部分数据，就能学会执行新的操作任务。例如，通过简单的红黄蓝方块抓取数据训练，ERA-42 成功实现了对多样化物体（如胡萝卜、茄子等）的抓取泛化，并在泛化任务上显著提升了成功率。

ERA-42 展现出了强大的自适应性，面对长序列任务时，能够快速响应干扰，中间没有任何停顿，灵巧手星动 XHAND1 马上就可以识别出来东西被挪开了，能自主优化调整操作，直至完成操作任务。

魔法原子推出的 MagicHand S01 灵巧手通过 11 自由度设计（单手指节独立驱动）和力位混合控制算法，实现了抓握、双指操作等精细动作，力分辨率达 0.1N，可完成工业装配、零件搬运等高精度任务。其电流与触觉融合技术大幅提升了操作稳定性，解决了传统机械手难以兼顾灵活性与负载的痛点。

采用一体化压铸工艺和特殊加强结构设计，灵巧手在整体保持轻便的同时，单臂负载达 20 公斤（作业场景下），可适配搬运、检测等复杂场景；微型电动推杆、多点触觉传感器、六轴电机驱动器等核心部件自研率超 90%，突破进口依赖并降低了生产成本，为规模化应用奠定了基础。

灵巧手通过集成多模态传感器（触觉、视觉、力觉），结合云端数据反馈优化动作库，支持动态环境下的自适应操作。例如，MagicHand S01 可通过触觉感知调整抓取力度，避免物体损坏或滑脱，正在推动具身智能从"预设程序"向"实时交互"升级。如图 3.3、图 3.4 所示，魔法原子机器人已经可以开始为人类拎包、吹头发了。

图3.3　魔法原子机器人为人类拎包

图3.4　魔法原子机器人为人类吹头发

3.4.2　具身智能灵巧手的应用案例

斯坦福大学的 DexCap 项目通过在人手上戴一个手套，捕捉手的动作并映射到机器人的动作空间，让机器人学习执行一系列动作，如开关盒子、抓物体等。

DexCap 项目通过数据手套收集数据，这些数据不仅用于训练机器人的策略，还使得机器人能够模仿人类的动作。这种方法的优势在于可以直接从人类行为中学习，而不需要复杂的编程或预设的指令。

ERA-42 模型和斯坦福大学的 DexCap 存在多方面区别，ERA-42 是端到端原生机器人大模型，侧重于通过强大的泛化和自适应能力，结合多模态信息融合及世界模型，实现对不同任务和环境的智能决策与灵活操作，驱动五指灵巧手完成各种复杂任务。DexCap 是便携式手部动作捕捉系统，主要功能是精确采集人类手部的动作数据，为训练机器人的灵巧操作能力提供高质量的数据支持。

在学习与训练方面，ERA-42 采用大规模视频数据学习策略，学习行动产生的结果，而不是直接模仿视频中的行为。通过融合多模态信息，在不到 2 小时内收集少量数据就可学会执行新任务。DexCap 则是通过可穿戴设备和特定的相机设置采集人类手部动作数据，利用逆运动学和基于点云的模仿学习，使机器人复制人类动作，通常需要 30 分钟到 1 小时的人类示范数据。

在硬件依赖与配套方面，ERA-42 与星动纪元自研的五指灵巧手星动 XHAND1 紧密结合，该灵巧手具有 12 个主动自由度、纯电驱、高分辨率触觉阵列传感器等特点，以此共同实现复杂灵巧操作。DexCap 硬件部分包括头戴式动捕手套、腰佩 RGBD 相机以及手臂和胸前的 SLAM 定位相机等，通过这些硬件实现对手部运动的精确捕捉。

在模型结构与算法方面，ERA-42 采用基于神经网络的端到端架构，通过构建统一的原生模型，融合视觉、语言、触觉和身体姿态等全模态信息，实现对不同任务和环境的强大泛化能力。DexCap 本身主要是一个数据采集系统，其配套的 DexIL 算法采用逆运动学和基于点云的模仿学习，将人类手部动作数据转化为机器人可执行的动作控制序列。

ERA-42 具有强大的泛化和自适应能力，能够在不同任务和环境中快速学习和适应，仅需少量数据和短时间即可学会新任务。它可以将视觉、语言、触觉和身体姿态等多模态信息进行融合，使模型对物理世界有更全面的理解，从而更好地进行决策和操作。

DexCap 则通过高精度动作捕捉，能精准记录人手的 6 自由度运动，即使在视野遮挡的情况下，也能清晰捕捉完整的手部动作序列，可采集到高质量的手 - 物体交互数据。其配套的 DexIL 算法通过逆运动学和基于点云的模仿学习，结合人机交互式微调环节，能够高效地将人类手部动作复制到机器人手上，实现高保真的人类操作模仿。硬件系统小巧轻便，支持户内和户外等各种环境下的移动式数据采集，保证了训练数据的丰富性和多样性。相比一些传统的动作捕捉系统或复杂的机器人训练方法，DexCap 成本相对较低，仅需 3600 余美元，降低了研究和开发的门槛。

中国科学院自动化研究所的 Casia Hand 系列灵巧手，包括面向科研的类人自由度版灵巧手、面向特种和服务应用的轻量版灵巧手，以及面向工业应用的高速自适应版灵巧手。

研究组提出了一系列基于灵巧手的类人灵巧操作学习模型和算法，并在实际机器人上进行了验证。这些模型和算法包括基于视觉 - 语言大模型推理的灵巧手类人功能性工具操作学习框架、多指灵巧手类人功能性抓取生成框架等。

具身智能技术在医疗领域的应用，如智能理疗系统，通过 AI 视觉与力控技术的结合，为患者提供个性化、精准化的治疗方案。智能理疗系统利用具身智能技术，通过视觉识别患者身体状况和动作，结合力控技术调整治疗方案，实现个性化服务。这种应用不仅提高了治疗的精准度，也提升了患者的康复效率。

农业领域的智农采摘机器人通过 24 小时不间断作业，有效解决了农业劳动力短缺的问题，提升了农业生产效率。智农采摘机器人利用具身智能技术，实现了自主导航和果实识别，可自动完成采摘任务。这种机器人的应用大幅降低了人力成本，提高了农业生产的自动化水平。

具身智能在灵巧手能力方面的应用正逐渐从实验室走向实际应用，涵盖了工业、医疗、农业等多个领域。通过结合最新的技术进展，如视觉—语言大模型、触觉反馈、端到端学习等，具身智能正在展现出其在灵巧操作方面的潜力和价值。随着技术的不断进步，预计具身智能将在更多领域发挥重要作用，推动相关行业的智能化转型。

第 2 篇

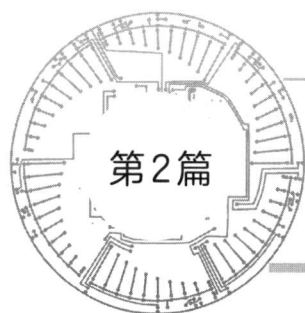

具身智能与行业
应用实践及展望

第4章 生产力的智能化飞跃

4.1 无人驾驶：改变交通的未来

4.1.1 无人驾驶照进现实

2024年，无人驾驶技术已经从科幻小说的幻想变成了现实，它正在逐步改变我们的交通系统和出行方式。在不远的未来，如北京和上海，无人驾驶出租车（Robotaxi）将成为市民出行的常态。百度的"萝卜快跑"和滴滴的自动驾驶服务在特定区域提供24小时不间断的出行服务。乘客只需通过手机应用预约，一辆无人驾驶出租车就会自动驶来，安全地将乘客送达目的地。这种服务不仅缓解了城市交通拥堵，还降低了交通事故的发生率。

在青岛，无人驾驶快递车已经成为快递行业的重要组成部分。这些车辆能够24小时不间断地工作，大幅提升了快递行业的运输效率和服务质量。例如，顺丰利用无人驾驶技术，使得每辆快递车每天可以执行多次投递任务，配送量达到数百件。

在成都高新区，无人驾驶公交车已经开始试运营，为市民提供全新的乘坐体验。这些公交车配备了先进的传感器和控制系统，能够自动规划路线、避障，并在必要时进行紧急制动，确保乘客安全。

在矿山、港口等特殊场景，无人驾驶技术的应用已经相当成熟。例如，翰凯斯在贵阳推出的无人驾驶产品——Robobus，已经在特定路段内试运行，这些车辆能够在复杂的工业环境中稳定运行，提高了作业效率并降低了安全风险。

随着车路协同技术的不断发展，无人驾驶汽车能够与智能道路基础设施进行通信，实现更加高效和安全的道路使用。在成都市锦江区，智能摄像头、激光雷达等设备被安装在路上，为无人驾驶汽车提供实时的道路信息，使得车辆能够作出更加精准的行驶决策。

无人驾驶技术是当前科技发展的前沿领域，它正逐步从概念走向现实，预示着交通领域的一次重大变革。无人驾驶技术的核心在于通过先进的传感器、算法和通信技术，实现车辆的自主导航和驾驶，从而提高道路安全，优化交通流量，并减少人为错误导致的交通事故。

在无人驾驶技术的发展中，特斯拉和百度是两个不可忽视的关键玩家。特斯拉以其FSD（全自动驾驶）系统在行业中处于领先地位，通过机器学习和计算机视觉技术的应用，特斯拉的无人驾驶汽车已经在多个地区实现了安全、高效的行驶。特斯拉的FSD软件利润率高达80%，远超整车利润率，这展示了其在技术上的成熟度和市场潜力。

百度则通过其"萝卜快跑"项目在中国市场深耕无人驾驶技术，提供了L4级别的无人驾驶出租车服务。百度的无人驾驶出租车已经在北京亦庄的道路上实现了无须安全员的全无人驾驶商业化运营，且在2023年1月与武汉签订了全域全无人驾驶项目落地的协议。百度的"萝卜快跑"服务在过去一年中订单量实现了多倍数增长，截至2023年一季度，订单量已超200万。

无人驾驶技术的商业化前景广阔，预计到2027年底中国的智能驾驶市场空间将达到4000亿元。百度预测，到2027年底，全球将出现大范围进行无人驾驶出租车商业运营的企业，而百度"萝卜快跑"将保持领跑地位。

无人驾驶技术正成为科技创新的重要方向，它不仅能够提高交通效率，还能在安全性、便捷性等方面带来革命性的变化。在这一领域，地平线、小马智行、黑芝麻智能和元戎启行等公司已经成为行业的主力军。

从独角兽公司中的无人驾驶相关企业就能看出这个领域的重要性，比如清华系独角兽公司地平线（Horizon Robotics），这是一家专注于边缘AI计算芯片和解决方案的公司，其产品主要应用于智能驾驶领域。地平线的征程系列芯片已经在多款车型中得到应用，提供了从 L2 到 L4 级别的自动驾驶解决方案，推动了智能驾驶技术的发展。地平线以其高算力智驾芯片和市场份额在中国自动驾驶行业中占据重要地位，成为"国货之光"。

小马智行（Pony.ai）则是另一个专注于提供自动驾驶技术的公司，其业务包括自动驾驶出行服务、自动驾驶卡车服务和乘用车智能驾驶。小马智行的自动驾驶技术已经在广州、北京、上海、深圳等地进行了测试和运营，累积了大量自动驾驶里程，其技术实力和市场潜力得到了行业的认可。

黑芝麻智能（Black Sesame Technologies）同样专注于自动驾驶领域，其华山系列芯片为自动驾驶汽车提供了强大的计算能力。黑芝麻智能的产品已经在多款车型中得到应用，并且在全球范围内进行了部署，展现了其在自动驾驶领域的技术实力和市场影响力。

元戎启行（DeepRoute）是一家提供 L4 级别自动驾驶解决方案的公司，采用其技术的车辆已经在多个城市进行了测试和运营。元戎启行的自动驾驶车辆在复杂的城市交通环境中展现了出色的性能，其在自动驾驶领域的创新和应用前景受到了业界的关注。

以上四家公司均为清华系的独角兽企业，它们的发展不仅代表了中国在无人驾驶技术领域的进步，也显示了全球无人驾驶技术的竞争格局。随着技术的不断成熟和政策的支持，无人驾驶汽车有望在未来几年内实现更广泛的商业化应用，从而深刻改变我们的出行方式和交通体系。

4.1.2　无人驾驶的挑战

然而，无人驾驶技术的发展也面临着技术成熟度、法规与标准、社会接受度等方面的挑战。技术成熟度的提升需要不断的实验和验证，法规与标准的制定需要政策层面的支持和引导，社会接受度的提高需要公众教育和意识的提升。

在政策支持方面，中国政府出台了一系列法律法规，为自动驾驶的发展提供了法律保障，如《中华人民共和国道路交通安全法》和《新一代人工智能发展规划》等，北京市、武汉市、合肥市等地方政府也相继颁布了《北京市自动驾驶汽车条例》《武汉市智能网联汽车发展促进条例》《合肥市智能网联汽车应用促进条例》等，这些政策为无人驾驶汽车的测试和商业化运营提供了明确的指导和支持。

无人驾驶技术的发展还将深刻影响社会结构和经济形态，可能会导致传统出租车司机和其他相关职业的就业机会减少，同时也会创造新的就业岗位和服务模式。城市规划和基础设施也需要适应无人驾驶车辆的运行，如智能交通信号灯和无人驾驶专用车道等。

4.2　具身智能在自动驾驶汽车中的实践案例

具身智能在自动驾驶汽车领域的实践案例正在逐渐增多，这一概念强调了机器与物理世界的交互，使得自动驾驶汽车不仅仅是在数字空间中处理信息，而且能够通过与环境的实际交互来提升其智能水平。

比如，特斯拉的自动驾驶系统（Autopilot）和完全自动驾驶（FSD）功能是具身智能在自动驾驶汽车中的典型应用。特斯拉通过其车队收集大量数据，不断优化其自动驾驶算法。特斯拉的 FSD 系统能够应对复杂的交通场景，实现自主导航和决策，这得益于其强大的神经网络和大量的真实世界数据训练。

百度的 Apollo 项目是一个开放、完整、安全的自动驾驶平台，它通过集成多种传感器和先进的算法，使汽车能够在真实世界中进行自主驾驶。百度的自动驾驶汽车已经在中国多个城市进行测试和运营，展示了其在具身智能领域的实际应用。

英国的自动驾驶初创公司 Wayve 利用强化学习算法和模拟环境训练其自动驾驶系统，使其能够在真实世界中快速适应和学习。Wayve 的系统通过与环境的交互不断提升其决策和控制能力，这是具身智能在自动驾驶领域的另一个实践案例。

NVIDIA 的自动驾驶平台使用其强大的 GPU 和 AI 技术来处理自动驾驶汽车的大量数据。NVIDIA 的 Drive 平台集成了感知、定位、映射和路径规划等关键功能，使自动驾驶汽车能够在复杂的环境中安全行驶。

具身智能在自动驾驶汽车中的应用是一个快速发展的领域，它强调了机器与物理世界的交互，特别是在动态和复杂环境中的适应性。自动驾驶汽车通过具身智能技术，能够更好地感知周围环境，包括恶劣天气或低光照条件。例如，通过使用先进的传感器融合技术和机器学习模型，车辆能够识别和响应道路上的障碍物、行人和其他车辆，即使在传感器受到限制的情况下也能保持高度的安全性和可靠性。

自动驾驶汽车将能够通过具身智能进行自主进化，通过与真实世界的持续交互来优化其驾驶策略。这意味着汽车能够从每次驾驶中学习，不断改进其决策过程，以适应新的交通模式和道路条件。具身智能还可以使自动驾驶汽车与智能道路基础设施进行更有效的通信和协作。通过车联网（V2X）技术，车辆能够实时接收和处理来自交通信号灯、路标和其他车辆的信息，从而实现更流畅和安全的交通流量管理。

在紧急情况下，如车辆遭遇故障或事故，具身智能可以使自动驾驶汽车快速作出反应，采取避险措施，如自动停车或改变路线，以保障乘客和周围人员的安全。

通过具身智能，自动驾驶汽车能够根据乘客的偏好和需求提供个性化的驾驶体验。例如，车辆可以学习乘客的驾驶习惯，自动调整座椅位置、音乐播放列表和车内温度，以提供更加舒适和便捷的乘车环境。在多模态大模型的助力下，自动驾驶汽车可以处理和响应多种模态的输入，包括语音、手势和触觉。这将使乘客能够以更自然和直观的方式与车辆交互，从而提高操作的便捷性和驾驶的安全性，获得更好的乘坐体验。

具身智能还可以帮助自动驾驶汽车在城市交通规划中发挥更大的作用。通过分析交通流量和模式，车辆能够提出优化建议，如调整交通信号灯的时序，以减少拥堵和提高整体交通效率。

4.3　互动时间线：自动驾驶技术的发展脉络

自动驾驶的概念最早出现在 20 世纪初。1925 年，发明家 Francis Houdin

展示了一辆无线电控制的汽车，这是自动驾驶技术的早期萌芽。2004年，DARPA（美国国防高级研究计划局）举办了第一届自动驾驶汽车挑战赛，虽然当时没有队伍能够成功完成比赛，但这一事件标志着自动驾驶技术开始受到重视。2010年后，随着计算能力的提升和传感器技术的发展，自动驾驶技术取得显著突破。Waymo（谷歌的自动驾驶项目）在2012年获得了美国首个自动驾驶车辆的测试许可，并在随后几年内累积了数百万英里的测试里程。

真正的商业化阶段要从2020年开始，自动驾驶技术逐渐走向商业化，多个公司推出具备一定自动化水平的汽车。例如，百度的Apollo项目在中国武汉等城市进行测试和运营，展示了其在具身智能领域的实际应用。中国政府出台了一系列法律法规，明确了自动驾驶的合法地位，允许自动驾驶车辆在特定场景下进行道路测试和商业化运营。这为自动驾驶的发展提供了法律保障。

近年来，自动驾驶行业产业链逐渐成熟，包括感知环节、决策环节、执行环节和服务运营环节。中国自动驾驶市场正在迅速发展，政府支持和企业投资力度逐渐加大，产业链上下游也在不断完善。预计到2030年，中国主要城市将实现自动驾驶的大规模应用，自动驾驶很可能在下个十年以网约车或物流配送车的形式进入市场。预计到2035年，中国大部分地区将普及各类高级别自动驾驶汽车。

无人驾驶汽车本身就是具身智能的一个典型例子。具身智能强调的是智能系统与物理世界的交互能力，而无人驾驶汽车正是通过先进的传感器、算法和机器学习模型，与周围环境进行实时互动，实现自主导航和决策。

在2024世界人工智能大会上，多款智能机器人展示了其在制造、服务、康养等领域的应用潜力。例如，Agility Robotics的Digit机器人在亚马逊的研发中心进行部署，而Apptronik的人形机器人Apollo在梅赛德斯-奔驰工厂中被用于搬运装有成套零部件的运送箱。这些应用展示了具身智能技术在工业领域的实际应用，通过与物理世界的互动，提高了操作的自动化水平和效率。

具身智能在无人驾驶汽车中的应用还体现在其能够"看""听""说"，并执行复杂的驾驶操作。例如，特斯拉的 FSD（完全自动驾驶系统）就是一个高度具身化的智能系统，它能够理解复杂的交通环境，并作出相应的驾驶决策。这种系统不仅在数字空间中运作，还通过车辆的传感器和控制系统与物理世界进行交互。

然而，无人驾驶汽车的引入也带来了新的挑战，如人为失误的转移、算法的不可解释性、道德困境等，同时也面临着公众对新技术的接受度和监管细则的制定问题。北京在 2019 年确立了亦庄为自动驾驶示范区，希望通过借鉴在自动驾驶示范区的运行经验，不断提升解决这些问题的能力；这些问题也需要在技术发展的同时，通过政策、法规和伦理研究来共同加以解决。

无人驾驶技术的发展对传统出租车和网约车司机的职业带来了显著的挑战与机遇。随着无人驾驶出租车如百度的"萝卜快跑"在中国的运营，司机们面临着职业转型的压力。这些技术的发展预示着一个新时代的到来，同时也提出了新的职业转型挑战。

一方面，无人驾驶出租车的低成本和高效率优势可能会减少对传统司机的需求，导致失业风险。例如，武汉的"萝卜快跑"服务已经吸引了超过 10 万人次的乘客体验，其 24 小时全天候服务和超低的价格策略给传统出租车和网约车司机带来了压力。据报道，武汉的出租车司机担心，无人驾驶汽车的大规模推广会严重挤压他们的生存空间，甚至威胁到他们的生计。

另一方面，无人驾驶技术的发展也为司机提供了转型的机会。他们可以通过转岗再就业，如成为无人驾驶汽车的监控员、维护人员或在紧急情况下提供人工干预的安全员等。政府和企业可以提供教育和培训支持，帮助司机适应新技术，确保他们在就业市场中具备竞争力。

与此同时，无人驾驶出租车的发展也带来了新的商业模式和服务模式。例如，无人驾驶出租车可以提供更加个性化和舒适的交通服务，能够满足不同人群的需求。此外，无人驾驶技术还可以拓展到更多应用场景中，如在旅游景区、机场、火车站等交通枢纽提供接驳服务，以及在偏远地区提供客运服务等。

无人驾驶技术的发展正推动着交通领域的变革，同时也带来了技术创新与社会责任之间的平衡问题。比如，无人驾驶汽车在发生事故时的责任归属问题是一个复杂的伦理和法律问题。目前，业界普遍认为，无人驾驶汽车的设计者、研发者、生产者和使用者都应承担相应的责任，但具体的责任划分还需要进一步的法律明确。北京市出台的《北京市自动驾驶汽车条例》详细规定了自动驾驶参与的交通事故责任认定方式，这为自动驾驶的发展提供了法律框架。

作为具身智能技术的一个重要实践案例，无人驾驶技术展示了智能系统如何在物理世界中实现自主操作和决策。随着技术的不断进步，预计无人驾驶汽车将在未来几年内实现更广泛的商业化应用，并深刻改变我们的出行方式和交通体系。同时，也需要关注这一技术发展所带来的社会、伦理和法律问题，确保其可持续发展。

第5章 智能工厂的革命

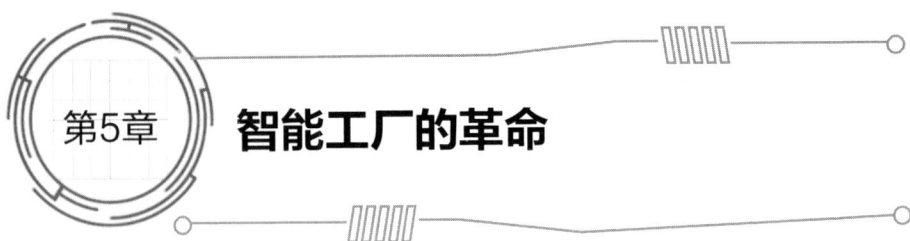

5.1 人形机器人：工业生产线上的新伙伴

5.1.1 人形机器人拥抱汽车行业

从特斯拉的人形机器人 Optimus 到优必选 Walker S，从 EX 机器人到天工 1.2 MAX，人形机器人在工业生产线上的应用正逐渐成为现实，它们被视为工业领域的新伙伴，能够执行多种复杂的任务，提高生产效率和安全性。

特斯拉的人形机器人 Optimus 在设计上旨在执行重复性、枯燥或危险的任务。尽管目前 Optimus 还在开发阶段，但特斯拉计划在未来将其部署在工厂中（如图 5.1 所示），以提高生产效率和安全性。Optimus 的端到端神经网络经过训练，能够对特斯拉工厂的电池单元进行准确分装。在插入过程中需要非常精确的动作，且容错率很低，神经网络会自动定位下一个空闲槽位，这表明 Optimus 具备了在精细操作中所需的精确度和适应性。

Optimus 能够在工作中纠正自己的错误，这表明它具备一定程度的自主性和错误处理能力。这种能力对于在工厂环境中无人监督的操作至关重要。

在 Optimus 的"大脑"中，特斯拉植入了一颗全自动驾驶（FSD）控制器的"芯脏"。这颗"芯脏"不仅仅是"泵血的机器"，还是视觉处理的艺术家、实时决策的大师，让 Optimus 在没有人类监工监督的情况下，也能优雅地完成那些复杂的任务。

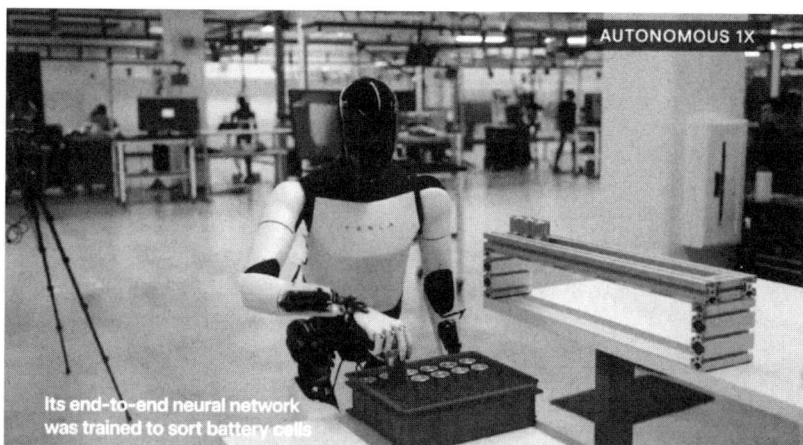

图5.1　Optimus在进行电池分类

　　Optimus 的行走速度较 2023 年 12 月时提高了 30% 以上，目前约为 0.6
米 / 秒。这显示了其在工厂环境中的移动能力，这对于在不同工作站之间移
动和执行任务是必要的。Optimus 的大脑部分搭载了与特斯拉电动车相同的
全自动驾驶系统 FSD 和感知计算单元，包括自主研发的算力极强的 Dojo D1
超级计算机芯片。这些技术使得 Optimus 能够处理复杂任务并适应多变的操
作环境。

　　FSD 的神经网络从摄像头和传感器中提取信息，然后以闪电般的速度将
其转化为行动的指令，比如"左转""加速"，或者"来一脚刹车"。特斯拉的
FSD 系统是端到端的神经网络，从数据的输入到驾驶决策的输出，整个过程
没有人工指挥棒的参与。这样的系统不仅减少了对硬编码规则的依赖，而且
还能通过不断的学习和适应来提升自己的表现。

　　端到端 AI 在 FSD 系统中的使用，显著提高了决策的速度和精确度。这
种技术通过直接从实际驾驶数据中学习，能够更准确地模拟和预测人类驾驶
行为，让驾驶变得更加安全和高效。

　　特斯拉将 FSD 技术应用于 Optimus，使其在执行任务时更加独立和有
效。FSD 在处理高速、高精度数据流方面的能力，让 Optimus 的动作控制更
加流畅和精确。

　　Optimus 的手部设计灵感来自人手，具有 22 个自由度，能够执行精细的

操作。这些自由度包括手指自由度：每根手指（除了大拇指）各有 4 个自由度，这些自由度允许手指进行屈曲 / 伸展、外展 / 内收等动作，大拇指则有额外的旋转自由度，共有 5 个自由度；还包括腕部自由度：Optimus 的腕部增加了 2 个自由度，使得手腕可以灵活转动，进一步增强了手部的灵活性。这些自由度的设计使得 Optimus 的手部能够模仿人类手指最下方关节超过 1 自由度的结构，从而实现了近乎真人的手部动作，可以执行非常复杂和精细的操作。

这种灵活性使其能够在工厂中操控各种物品，如拿起细小的零件或使用工具。尽管 Optimus 的具体成本尚未公布，但特斯拉 CEO 埃隆·马斯克曾表示，Optimus 的价格最终将低于 25000 美元或 30000 美元，预计其生产成本将比汽车一半的成本还低，这意味着 Optimus 有望在成本效益方面与传统的工业机器人竞争。

特斯拉利用车祸安全模拟技术来保证机器人在发生碰撞或摔倒时的安全性。这种技术的应用减少了机器人在工作中可能造成的损害，保护了机器人的核心部件。

无独有偶，不仅特斯拉选择了汽车工厂，优必选科技的人形机器人 Walker S 也已经在汽车制造领域进行了实训，如在极氪、奥迪、大众等汽车厂。这些机器人能够进行智能质检、搬运和分拣等工作，展现出了在工业场景中的实用性。

2025 年全国两会期间，《AI 赋能新质生产力》提案中提到，要大力推动工业大模型在智能制造领域的应用，如海尔集团建议发布国家级工业场景图谱，奇瑞汽车通过 AI 语言模型实现智能座舱出海。提案还要求制定细分行业 AI 应用标准，例如科大讯飞提出医疗 AI 诊疗路径标准化体系，北大荒已实现 92% 的病虫害预测准确率。

随着具身智能逐步落地进入应用场景，很多人也开始担心人类工作岗位的消失。当人形机器人走进千家万户，走进千行百业，是不是会带来真实人类失业的风险？在 2025 年全国两会期间的提案中就能看出大家的焦虑。其中，《AI 失业保险与技能培训》提案提出建立"AI 就业动态监测平台"，实时追踪重复性岗位替代情况，并试点"失业风险预警系统"要求企业提交替代岗位报告；提案还建议设立 6 ～ 12 个月的 AI 失业缓冲期保险，采取"政府主导＋商业机构合作"模式为企业提供再就业培训补贴。

这真的不是天方夜谭，在苏州，魔法原子 MagicBot 人形机器人已进驻追觅科技等企业工厂产线（如图 5.2 所示），执行产品检测、物料搬运、零件取放、扫码入库等任务，多台机器人通过协作系统实现小范围协同作业。

在工业场景中，机器人通过真实环境下的数据采集与动作训练优化任务处理能力，为规模化工业应用积累技术经验。

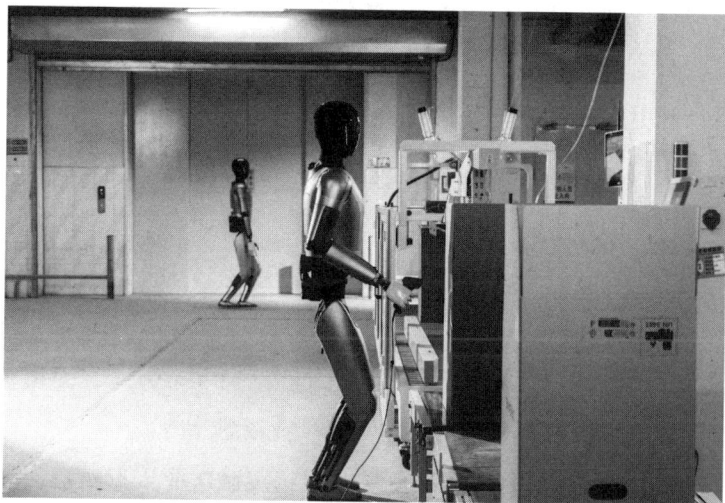

图5.2　魔法原子机器人已经进入工厂工作

前几年，虚拟人已经加入到央视主持人的行列，当时大家觉得耳目一新，但是时间长了，就会觉得乏善可陈。而今，人形机器人已经加入到全国两会主持人的行列，在播音主持界刮起了一股"赛博风"。

2025 年全国两会期间，魔法原子旗下人形机器人"苏小麦"（如图 5.3 所示）首次担任江苏广电总台全国两会报道主持人，完成新闻访谈、短视频拍摄等任务，开创了人形机器人参与重大政治活动报道的先例。

北京演播室内，"苏小麦"与记者流畅互动，展现了出色的自然语言处理与多模态交互能力，成为全国两会科技创新的标志性符号。

图5.3　魔法原子机器人"苏小麦"首次担任江苏广电总台两会报道主持人

像魔法原子一样的具身智能新势力代表着发展的新方向。比如，其更轻量化的设计和更高的负载能力：MagicBot采用特殊轻量化结构设计，运动状态续航达5小时，双臂搬运负重20公斤，全身负载能力40公斤，可以满足高强度工业作业的需求。

魔法原子机器人有42个自由度配置，支持复杂动作执行，例如720度回旋踢、连续武打动作等高难度运动控制。该机器人搭载激光雷达、3D视觉、触觉等多类型传感器，通过算法融合实现360度环境感知，具备语义识别与自适应交互能力，可理解"扫码入库"等工业场景指令。

魔法原子机器人采用自研D190关节模组突破电驱人形机器人腿部空翻技术，提升了动态平衡与抗干扰能力。该机器人核心部件自主化率超过90%，包括自研灵巧手MagicHand S01，实现抓握精度达0.1毫米的精细化操作，突破了机器人拟人化技术瓶颈。这款机器人专注于构建"大脑—小脑—肢体"技术矩阵，整合感知、决策、执行全链条能力，预计2026年实现小规模量产并落地工业/商业场景。

5.1.2　人形机器人为何拥抱汽车工厂

汽车工厂是人形机器人展现身手的理想舞台，主要是因为汽车制造过程中有许多重复性高且单调的任务，如拧螺丝、装配零件等，这些任务适合人形机器人来执行，因为它们可以不知疲倦地进行重复操作，同时保持高精度和一致性。

　　Figure 02 是 Figure AI 公司开发的第二代人形机器人，已经进入宝马汽车工厂，它的手部具有 16 个自由度（如图 5.4 所示），拥有与人类相当的力量，使得机器人能够执行精细和复杂的任务。它的电池容量比前一代大50%，能够支持其在实际部署中工作更长时间，达到 20 小时不间断工作。通过内置麦克风和扬声器，结合 OpenAI 的定制 AI 模型，Figure 02 能够与人类进行自然的语音对话。在视觉系统方面，它配备了六个 RGB 摄像头和车载视觉语言模型（VLM），使其能够进行快速的视觉推理和手眼协调。Figure AI 得到了包括英伟达、奥特曼、贝佐斯等公司与大佬的联合投资，为其研发和市场推广提供了强大的资金支持。

图5.4　Figure AI第二代机器人"Figure 02"

　　和上一代相比，Figure 02 的所有电缆都集成到了四肢中，可以保护它们免受环境的影响，并为长时间在生产线上工作做好准备。Figure 02 的这些特点和技术指标使其在人形机器人领域中具有显著的竞争力，预示着未来自动化和智能化的发展方向。

　　Figure 02 在宝马莱比锡工厂实现了 20 小时连续工作，能够完成车身焊接、涂装检测、零部件装配等全流程任务。其配备的视觉语言模型（VLM）

可实时解析工艺图纸，自主调整焊接参数，将生产线良品率提升至99.93%。它可以通过语音交互系统接收工程师指令，例如在涂装车间根据实时对话调整喷枪角度解决漆面橘皮缺陷问题。

在通用汽车工厂中，Figure 02利用16自由度仿生手完成发动机线束插接（误差<±0.1mm），同步通过多光谱摄像头检测装配应力分布，提前预警潜在故障。它通过搭载热成像模块实现焊点质量实时评估，使检测速度较传统方案提升了3倍，误判率降低至0.02%。

汽车工厂通常环境复杂，需要机器人能够在不同的工作站和环境中灵活移动，人形机器人的设计使得它们能够更好地适应这些多变的环境。汽车制造涉及许多精细的操作，如电子元件的装配和质检，人形机器人的手部设计越来越灵活，能够模拟人类手部的精细动作，进行复杂的装配和检查工作（如图5.5所示）。

图5.5　Figure 02在工厂中工作

与此同时，汽车工厂中有些任务可能对人类工人构成安全风险，如焊接或涂装作业。人形机器人可以在这些环境中工作，从而减少工人接触有害物质的风险。长期来看，人形机器人可以降低人工成本，提高生产效率。虽然初期投资较大，但随着技术的进步和规模化生产，成本将逐渐降低。

比如，在汽车制造过程中，质量检测是至关重要的环节。人形机器人可以配备高精度的传感器和摄像头，对车辆的各个部件进行检测，比如检查喷漆是否均匀、装配是否到位等。这种自动化的质检过程不仅提高了检测速度，还提升了准确性，减少了人为错误。

汽车工厂中的物料搬运和分拣工作往往劳动强度大且效率不高。人形机器人可以轻松搬运重物，如发动机、轮胎等，并将它们分拣到指定位置。这样的工作对于机器人来说更加高效，同时也减轻了工人的负担。

人形机器人还可以与人类工人协同作业，完成一些需要人机配合的复杂任务。例如，在组装线上，机器人可以负责安装标准化部件，人类工人则负责需要个性化调整的部分。

不少人形机器人公司都选择了汽车工厂作为主要的应用场景，这并非偶然，而是因为汽车工厂作为人形机器人的应用场景之一，不仅能够提升生产效率和质量，还能改善工人的工作环境，降低成本，这些都是人形机器人在工业领域中的重要价值所在。随着技术的不断进步，未来人形机器人在汽车工厂中的应用将更加广泛和深入。

中国在人形机器人产业链的布局上表现出了明显的优势和潜力。从技术布局来看，中国研究团队在人形机器人运动控制、人机映射、机器智能等技术领域拥有深厚的技术储备，并在某些领域达到了国际领先水平。例如，北京具身智能机器人创新中心研发的"天工1.2 MAX"人形机器人，展现了中国在人形机器人领域的创新实力，它能够执行精确的动作，如抱起大会徽章并将其放置到指定位置，这表明了其在精密操作任务中的应用潜力。

5.1.3 人形机器人与工业场景的双向奔赴

中国的人形机器人产业链布局涵盖了从核心零部件制造到机器人本体设计、制造和测试的全过程。在核心零部件方面，中国企业如绿的谐波、鸣志电器等在谐波减速器、电机等领域取得了显著进展，为机器人提供了关键的技术支持。同时，中国的制造业和全工业体系产生的数据为人工智能的发展提供了丰富的资源，这些数据在实体产业中的应用具有极高的价值。

在应用场景方面，中国的人形机器人已经开始在工业制造、灾害救援、智慧物流、安防巡逻、服务娱乐等多个领域得到应用。例如，优必选 Walker、小米 CyberOne 等国产人形机器人陆续面市，展现了中国在全球人形机器人市场中的竞争力。在政策层面上，中国政府对人形机器人产业给予了高度重视和支持。《人形机器人创新发展指导意见》的出台，将人形机器人提升至国家战略高度，为产业发展提供了政策保障。

据中金公司预测，到 2030 年，中国人形机器人的出货量有望达到 35 万台，市场空间将扩大至 581 亿元人民币，2024—2030 年的年均复合增长率（CAGR）有望超过 250%。

5.2 走进汽车工厂：人形机器人与工人协作的高光时刻

5.2.1 人形机器人工业场景的现实表现

随着人工智能和机器人技术的快速发展，人形机器人在汽车工厂的应用已经成为现实，并展现出巨大的潜力。特斯拉的人形机器人 Optimus 在自家汽车产线上进行了测试，并计划在 2026 年为其他公司大批量生产。Optimus 展示了在特斯拉电池工厂中分装电池的能力，并且能够自我矫正，显示出在实际工作环境中的适应性和灵活性。

优必选与一汽 – 大众合作，在青岛的国家级智能制造示范工厂中，引入工业版人形机器人 Walker S，用于汽车制造过程中的螺栓拧紧、零件安装和零件转运等工作。Walker S 具有 41 个高性能伺服关节和多维力觉、视觉、听觉等感知系统，能够实现信息的即时共享（如图 5.6 所示）。

小米的 CyberOne 人形机器人虽然主要定位于服务人，但其展示的技术实力也暗示了其在工业领域的潜力。CyberOne 具备空间感知、认知能力，能够进行人物身份识别、手势识别、表情识别，并且能够进行拖动示教学习，可以模拟人的学习过程。

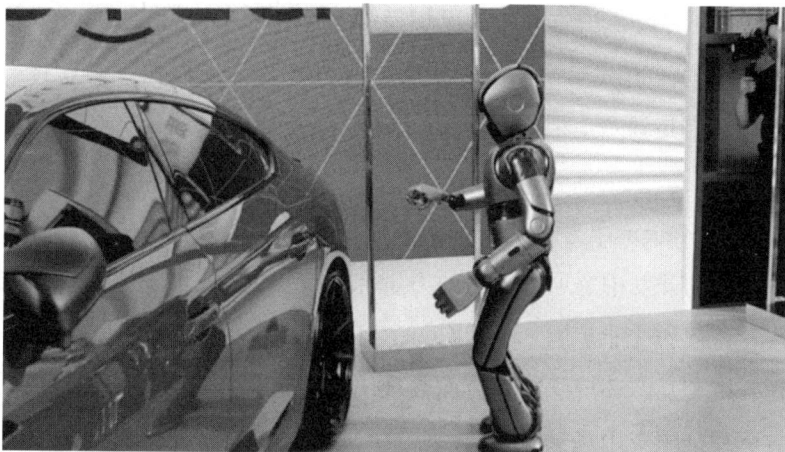

图5.6　世界机器人大会上人形机器人与汽车场景的展示

人形机器人在汽车工厂中的应用正逐渐从概念走向现实，它们不仅能够提高生产效率，还能执行一些对人类工人来说重复性高或风险较大的任务。随着技术的不断进步，预计未来人形机器人将在汽车制造等领域发挥更加重要的作用。

5.2.2　人形机器人与人类合作面临的挑战

优必选在 2024 世界机器人大会上首次展示了"人形机器人工业场景解决方案"，这标志着人形机器人在汽车行业中的实际应用已经取得了显著进展。这些机器人能够执行智能搬运、智能分拣、智能质检等多种任务，如 Walker S 系列人形机器人在汽车生产流水线上进行质量检测，准确率超过 99%，并能够与工厂自动化控制系统无缝集成对接。

然而，要实现人形机器人与人类工人的安全高效协作，仍需解决一些关键问题。比如，技术成熟度方面，需要进一步提高人形机器人的自主性、灵活性和智能水平，确保其在复杂工业环境中的稳定性和可靠性。在安全标准方面，需要制定和遵守严格的安全标准和操作协议，包括紧急停止机制、避障系统和传感器监测，以防止机器人在与人类工人互动时发生事故。

人形机器人的高成本是目前商业化的主要障碍之一。通过技术创新和规模化生产，可以降低成本，使其更加经济实惠。特斯拉的 Optimus 人形机器人在设计时就注重成本控制，以便于未来大规模生产和实现商业化。通过优化设计和制造流程，特斯拉致力于降低生产成本，使其机器人更加经济实惠。

优必选 Walker 作为一款开源的人形机器人，鼓励开发者和研究人员参与到机器人的开发中，通过社区的力量加速技术创新。这种开放的策略有助于其快速迭代和功能扩展。小米 CyberOne 采用了多种传感器和先进的算法，使其在人机交互、环境感知等方面表现出色。这种技术多元化使得机器人能够适应更复杂的应用场景。

根据市场研究，人形机器人产业链正处于"0—1"中向"1"不断加速靠近的阶段，2024 年被视为人形机器人商业化的元年。预计到 2030 年，全球人形机器人市场规模将达到 150 亿美元，销量将从 1.19 万台增长至 60.57 万台。中国市场规模到 2030 年将达到近 380 亿元，销量将从 0.4 万台左右增长至 27.12 万台。这些数据表明，人形机器人的商业化前景广阔，市场潜力巨大。

汽车厂商也纷纷看到了人形机器人的发展前景，有些厂商亲自下场，有些厂商则通过投资合作等形式布局人形机器人赛道。比如，比亚迪（BYD）投资了智元机器人，该公司由前华为天才少年稚晖君成立。智元机器人的远征 A1 人形机器人在汽车工厂中进行了实际应用测试，如执行拧螺丝等任务。远征 A1 的身高 175cm，体重 53kg，全身有 49 个自由度，最高步速为 7km/h，整机承重 80kg，单臂最大负载 5kg，展现了在工业领域的应用潜力。

小鹏汽车（XPeng Motors）发布了自研的双足人形机器人 PX5，该机器人拥有双足行走和跨越障碍的能力，能够在室内外大步行走、敏捷运动、抗扰越障。小鹏汽车董事长何小鹏对人形机器人在未来生活中的应用充满期待，如陪伴老人、帮助老人进行日常活动等。其首款人形机器人产品 PX5，开发时间虽短，但已经历了两次重大迭代。小鹏机器人具有高稳定性的平衡和行走能力，能够完成多种复杂任务。小鹏将机器人感知、交互系统与汽车技术相结合，推动了人形机器人的研发速度。PX5的定价尚未公开，但小鹏汽车的入局显示了人形机器人市场的吸引力。

吉利汽车（Geely Automobile）与优必选和天奇股份达成战略合作，共同推进人形机器人在汽车及零部件智能制造领域的应用。吉利控股集团旗下极氪5G智慧工厂迎来了优必选工业版人形机器人Walker S Lite，用于执行搬运任务，展示了人形机器人在智能制造领域的应用潜力。

另外还有"众擎机器人"，于2023年10月成立，创始人为此前小鹏旗下机器人团队"鹏行智能"公司创始人赵同阳。众擎机器人推出的SA01是一款基于强化学习、运控算法全开源、高性价比的人形机器人产品，售价仅为3.85万元人民币，远低于行业最低价格，这表明人形机器人的商业化正在加速，且成本正在逐渐降低。波士顿动力的Atlas人形机器人以其高度的动态运动能力和灵活性而闻名，虽然目前尚未大规模商业化，但其技术成果为未来的商业应用奠定了基础。

此外，还有魔法原子通过工厂—媒体—展会三大场景验证了人形机器人的实用价值，具体如下。

工业领域：推动具身智能从实验室训练向真实生产环境过渡，加速"机器换人"进程。

公共服务领域：拓展机器人参与社会重大活动的可能性，塑造"科技＋人文"融合新范式。

技术演进方向：聚焦L3级（具身智能监督）向L4级（自成长智能）跨越。

第6章 农业的未来：无人农机与精准农业

6.1　无人农机的田间管理：从播种到收割的自动化流程

6.1.1　农业领域中的具身智能应用

在果园中，人形机器人可以配备高精度的视觉系统和灵活的机械手臂，用于识别成熟水果并进行采摘。

例如，陕西伟景机器人科技有限公司开发的智能人形采摘机器人能够在模拟环境中每两秒采摘一颗水果，且具备通用采摘能力，无须更换夹具。这种机器人可以全天候工作，能够大大提高采摘效率，减少因劳动力不足导致的农业生产问题。

人形机器人可以在农田中自主行走，利用搭载的传感器监测土壤湿度、作物生长状况和病虫害情况。它们可以实时收集数据并进行分析，为农民提供精准的农业管理和决策支持。这种应用可以帮助农民更有效地管理作物，减少资源浪费，并提高作物产量。

在畜牧业中，人形机器人可以用于监控动物健康、喂养和挤奶等工作。例如，它们可以自动识别生病的动物并通知农场管理者，或者自动进行挤奶工作，提高效率并减少人工干预。在面对自然灾害如洪水、干旱时，人形机器人可以快速响应，进行灾情评估和紧急处理。它们可以穿越恶劣地形，进行救援物资的运输和分发，或者在灾后进行农田清理和重建工作。

具身智能在农业领域的应用正逐渐展现出其革命性的潜力，特别是在无人农机的田间管理方面，从播种到收割的自动化流程正在逐步实现。

在内蒙古，跨越千里而来的激光智能除草机器人在北大荒集团红星农场有限公司科技园区进行了首次模拟应用试验。这款机器人利用计算机视觉技术自动识别田间的农作物和杂草，并通过发射高能激光对杂草进行灭除。它结合无人驾驶技术实现自主行驶，每小时可以除草1亩地，是人工除草效率的20倍，显著提高了除草效率并减少了化学除草剂的使用。

由海淀区农业农村局和北京市农林科学院合作研发的草莓采摘机器人，配备了混联机械臂"灵展1号"，能够灵活躲避农业环境中的各种障碍物。这款机器人预计可以节省劳动力80%以上，每亩成本节省6000元，显著提升了作业效率。

在大型玻璃温室立体化栽培环境中，还有集合了"喷雾、监测、追溯"一体的喷雾技术机器人，其采用路轨两用通用底盘和多传感器融合的导航定位技术，可以实现在大型连栋温室中进行自主换轨连续作业，上下轨道成功率大于99%，节约劳动力85%以上。

比如，Augmenta和Trimble提供的自动驾驶和自动导航系统，允许农民基于摄像机进行作物分析和自动施肥控制。这些系统可以应用于喷洒农药、精确灌溉，排水和土地平整，可以为农户增加收成和进行产量监测。

Abundant Robotics公司开发的水果采摘机器人，使用真空而不是爪子或类似机械来处理易碎的水果，如苹果等。这些机器人能够解决处理易碎水果的挑战，为农户提高收入、节约成本带来了希望。

6.1.2　具身智能如何赋能农业场景

具身智能技术可以提升农业的精准管理水平。通过集成多种感知技术，如视觉、听觉、触觉等，农业机器人可以全面感知农业生态系统，实现对农田环境的实时监测和反应。这不仅可以提高农业生产效率，还能降低资源浪费，减少环境污染，符合可持续农业的发展要求。

具身智能农业机器人可以在农田中自主导航，通过高精度的传感器感知土壤成分、作物生长状况、病虫害情况等信息，进而作出精确的决策，如智能施肥、灌溉、喷药或收割。这种精准农业管理不仅提升了农作物管理的智能化水平，还能够即时响应农田环境变化，如天气突变、灾害预警等，迅速调整作业计划或采取保护措施，减少损失。

在应用过程中，评估农业机器人的经济效益和投资回报率（ROI）是商业化应用的重要指标，农业机器人能够提高农业生产的效率，减少人力需求，从而降低劳动力成本。例如，自动化播种和收割机器人可以在短时间内完成大量工作，提高整体生产率。通过减少对化学农药和肥料的依赖，以及更精确的土壤和作物管理，农业机器人有助于降低长期的运营成本。精准农业技术的应用，如智能灌溉和作物监测，可以提高作物产量和质量，增加农民的收入。农业机器人的初始购买成本、安装费用以及后期的维护和修理费用都是投资成本的一部分，需要考虑在内。农业机器人的技术适应性也是一个重要因素，需要评估机器人是否能够适应不同的农业环境和作物种类。在一些国家和地区，政府制定补贴和支持政策，鼓励采用农业机器人，这可以降低农民的实际投资成本。

6.1.3　具身智能在农业领域的发展前景

上海点甜农业专业合作社王金悦团队研发了 60 多款农业机器人，覆盖从播种到收割的各个环节。他们的全自动驾驶插秧机器人在北斗导航系统、5G 信号以及激光雷达和陀螺仪等传感器的指挥下，能够高效完成插秧作业，1 小时可完成 5 亩稻田的插秧。这些机器人的应用显著提高了农业生产效率，减少了人力需求，并且在市场上获得了认可，2022 年销售额达到了3000 多万元。

根据《2023 版中国农业机器人行业市场分析研究报告》，农业机器人市场规模预计将持续增长。这表明农业机器人的经济效益和投资回报率是正面的，且市场对此类技术的需求正在增加。同时，报告还指出，农业机器人可以替代大量的人工劳动力，有望大大降低农业成本，从而促进农业生产效率的提高。Research Dive 的报告指出，到 2026 年，全球农业机器人市场的规模预计将翻两番，达到 166.404 亿美元。亚太市场被认为是全球市场中农业机器人市场增长率最高的地区，预计到 2026 年将以 19.7% 的复合年增长率增长，收入将达到 37.983 亿美元。

未来，多台具身智能农业机器人之间可以通过云端或本地通信协同工作，共同完成大规模的种植、管理和收获任务。这种协同工作模式能够克服传统人力劳动的局限性，提高农业生产的自动化程度和智能化水平。

6.2　精准农业的案例研究：数据驱动的作物管理

6.2.1　具身智能与精准农业案例

具身智能在精准农业方面的应用案例研究中，数据驱动的作物管理是一个重要的应用领域。通过集成遥感数据和作物生长模型的数据同化系统，可以实现对作物生长状况的实时监测和产量的准确预测。例如，研究者们利用数据同化算法，结合遥感数据和作物生长模型，如 CERES-Maize 或 WOFOST，来提高作物产量预测的精度。这种方法可以为农民提供关键的生长周期信息，帮助他们作出更明智的管理决策。

具身智能系统也可以安装在农田中，通过土壤湿度传感器和作物生长监测器收集数据，然后通过智能算法分析这些数据，自动调整灌溉系统和施肥量。这种方法不仅可以节省水资源，还能提高肥料的利用效率，减少环境污染。

利用具身智能技术，结合机器视觉和深度学习算法，可以实时监测作物的病虫害情况。例如，通过分析作物叶片的图像，智能系统可以识别出病虫害的早期迹象，并及时通知农民采取措施，从而能够减少农药的使用并提高作物的产量和质量。

具身智能在农业领域的应用前景广阔，特别是在水果和蔬菜的采摘中，这一技术能够显著提高效率和降低成本。通过机器视觉和灵巧的机械手，具身智能机器人可以识别成熟度合适的果实，并进行精准采摘。这种技术的应用不仅可以大幅提高采摘效率，还能减少因采摘不当造成的损失。

在实际的企业应用案例中，德国人工智能研究中心（DFKI）下属的机器人创新中心（RIC）开发的 Shivaa 草莓收割机就是一款利用机器人精准采摘草莓的先进解决方案。这款机器人利用三维、深度和滤色相机的组合来准确解读环境，评估草莓的成熟度和位置，实现选择性采摘。它结合了先进的传感器和人工智能算法，能够在草莓田中自主导航，精确识别成熟的果实，并以轻柔的方式采摘，减少果实损伤。这种机器人的设计模仿了人类双手的抓握方式，通过气动手指环绕草莓并执行扭转动作来分离果实，保证了收获产品的质量。此外，大数据技术的应用也在推动农业种植的智能化管理与优化。通过农田管理、病虫害预测与管理以及农作物生长监测等方面的智能化管理，可以提高资源利用效率，优化农作物品质，并增强农业的可持续性。

6.2.2 具身智能大模型与传统机器人的主要区别

具身智能大模型与传统机器人的主要区别在于其多模态交互能力和与物理世界的互动性。具身智能大模型不仅可以处理语言或数据，而且能够通过集成的视觉、听觉、触觉等多种传感器，理解真实世界并与之进行交互。这种模型能够使机器人在复杂环境中自主导航、识别物体、进行物理操作，甚至在需要时进行学习和适应。传统机器人通常依赖于预编程的指令集和远程控制，而具身智能机器人能够通过多模态感知、自主决策和学习，与物理世界进行更复杂的互动。

传统机器人通常依赖于预先编程的指令集，缺乏对环境变化的适应能力，这在农业环境中可能导致效率低下，因为农业环境经常受到天气、季节和作物生长阶段变化的影响。许多传统机器人设计用于执行单一任务，如除草或收割，缺乏多任务处理能力，这限制了它们在多样化农业活动中的广泛应用。

传统机器人可能未能充分利用农业大数据，这些数据对于精准农业和作物管理至关重要，缺乏数据分析和应用能力限制了它们在提高作物产量和质量方面的潜力。传统机器人可能需要频繁的维护和升级，这在偏远或资源有限的农业区域可能是一个挑战。传统机器人在农业中的应用包括自动化的作物监测、土壤分析和简单的机械作业，如使用无人机进行作物喷洒。这些机器人通常需要人类操作员进行远程控制或监督，并且它们的行为模式相对固定，缺乏对环境变化的适应能力。

具身智能机器人代表了一种更高级的智能，它们能够通过机器视觉、触觉和其他传感器来感知周围环境，实现自主导航和决策。例如，具身智能机器人可以在果园中自主移动，利用视觉识别技术来检测果实的成熟度，并使用机械臂进行精准采摘。这种机器人能够实时响应环境变化，如避开障碍物、适应不同地形，甚至在某些情况下进行自我修复。

相比传统机器人而言，具身智能机器人颠覆式的创新点在于具有自主性和学习能力。它们可以通过与环境的交互来学习如何更有效地完成任务，而不仅仅是执行预设的指令。这种学习能力使得具身智能机器人在面对不断变化的农业环境时，能够提供更加灵活和可持续的解决方案。

李德毅院士在中国工程科技论坛上做题为《机器具身交互智能》的演讲中提到，智能农机的硬核已经跃过了算力、算法和数据阶段，可交互、会学习、自成长是新一代智能机器的硬核。这表明具身智能机器人不仅能够执行任务，还能够通过交互学习和自我成长来适应不断变化的农业需求。

具身智能在农业领域具有广泛的应用潜力，它们通过数据驱动的方法，提高了农业生产的智能化和精准化水平，为现代农业的发展提供了新的动力。随着技术的不断进步，未来具身智能在农业领域的应用将更加广泛和深入。

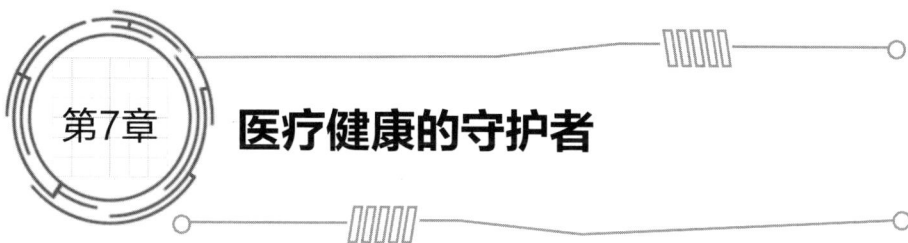

第7章 医疗健康的守护者

7.1 手术机器人：手术室中的精准之手

7.1.1 具身智能走进医院场景

在医疗领域，具身智能技术正在推动手术机器人的发展，使其成为医生在手术室中的"精准之手"。

中国科学院自动化研究所与华东医院联合研发的微创血管介入手术机器人 VasCure，成功完成了远程临床冠脉支架植入手术。这项技术通过 5G 网络，实现了医生对机器人的远程操作，使得医生能够在千里之外控制手术进程。VasCure 的临床应用展示了手术机器人在提高手术安全性、稳定性和有效性方面的潜力，同时减少了医生和患者术中接触，降低了医患双方的辐射风险。这种远程手术的能力，特别是在心血管疾病治疗中，为医疗资源不均的地区提供了重要的解决方案。

在手术导航系统中，多模态图像引导技术通过融合超声、CT、MRI 等不同模态的医学影像，为医生提供了更为精确的手术路径规划和实时导航。这种技术使得医生能够在手术过程中获得更清晰的三维视图，从而提高手术的精确度和安全性。多模态图像引导手术导航技术在神经外科、骨科、经皮穿刺等领域展现出广泛的应用前景，尤其是在需要精确定位和操作的复杂手术中，它能够显著提升手术效率和减少手术风险。

多模态图像引导手术导航技术在实际手术中的应用效果显著，它通过结合多种成像技术，如 CT、MRI、超声等，提供了比传统单模态影像更为精确的三维空间信息，从而显著提升了手术的安全性和效率。在神经外科手术中，多模态图像引导技术能够提供更为精确的脑部结构图像，帮助医生在手术过程中避开重要的血管和神经，减少手术风险。例如，融合 MRI 与 CT 图像的多模态神经导航技术在颅底显微外科手术中的应用，它能够提供全面的导航信息，提高肿瘤切除精确程度及手术安全性。

在骨科手术中，该技术能够精确地指导医生进行内植物的定位和植入，减少手术误差。通过多模态图像的融合，医生能够更好地理解骨骼结构和周围软组织的关系，从而提高手术的精确度和成功率。

多模态图像引导手术导航技术在不同类型的手术中展现出不同的应用效果。比如，在神经外科手术中，由于颅脑结构的复杂性和重要性，手术操作空间有限，风险较高，多模态图像引导手术导航技术能够提供精确的三维空间信息，帮助医生在手术过程中避开重要的血管和神经结构。还有，通过结合术前的 CT 或 MRI 图像，医生可以对病灶进行精确的定位和手术路径规划。此外，该技术还能在手术中实时显示重要结构的位置，减少对周围组织的损伤，提高手术的安全性和精确性。据研究，多模态图像引导手术导航技术在神经外科手术中的应用可以显著提高手术的安全性，缩短手术时间，并提高手术效率。

而在骨科手术中，多模态图像引导手术导航技术主要用于关节置换、椎弓根置钉等手术操作。这些手术需要极高的精确度，以确保假体或螺钉安装在正确的位置。通过使用多模态图像，医生可以获得更清晰的骨骼结构视图，从而提高手术的精确度和成功率。例如，通过融合 CT 和 MRI 图像，医生能够更好地理解骨骼和周围软组织的关系，优化手术方案，减少手术中的并发症。

多模态图像引导手术导航技术通过整合多种成像技术的优势，提供了比传统单模态影像更为精确的三维空间信息，从而显著提升了手术的安全性和效率。这种技术的应用已经成为神经外科、骨科等临床科室精准治疗的新兴手段，具有重要的应用前景。随着技术的不断发展，预计多模态图像引导手术导航技术将在未来的精准医疗中发挥更加重要的作用。

多模态图像引导手术导航技术的应用，不仅提高了手术的安全性和效率，还缩短了手术时间，减少了患者的恢复时间。此外，该技术还有助于减少手术并发症，提高患者的术后生活质量。随着技术的不断进步和完善，预计多模态图像引导手术导航技术将在未来的精准医疗中发挥更加重要的作用。

7.1.2　具身智能在手术场景中的挑战与机会

在具身智能与手术机器人的协同工作中，也存在一些风险点和需要注意的技术问题。比如，在微创手术中，手术机器人需要进行精准的软组织穿刺。这项任务的技术挑战在于如何确保机器人的机械臂能够准确无误地定位到目标组织，同时避免对周围健康组织造成损伤。例如，肝脏肿瘤的穿刺消融手术要求极高的精确度，因为任何微小的偏差都可能导致消融不完全或将癌细胞带到正常组织中。这要求手术机器人具备高度的稳定性和精确性，以及在遇到意外情况时能够及时调整的能力。此外，手术机器人的控制系统和电力系统必须稳定可靠，以防止在手术过程中出现故障。

另外，随着手术机器人在临床上应用的增加，伦理和责任问题也日益凸显。如果手术过程中出现意外，如何界定责任成为一个复杂的问题。例如，如果由于机器人的技术故障导致患者受到伤害，责任可能涉及机器人的设计者、生产者、操作的医生以及医院。此外，手术机器人在手术中的自主性要求制定确保决策过程问责制和透明度的法规。这引发了不仅限于具身智能，而是关于整个 AI 领域如何治理的讨论。

为了规避这些风险点和解决技术问题，需要采取一些措施，例如，在手术机器人投入使用前，应进行严格的测试，确保其在各种情况下都能稳定运行，并且具备应对突发情况的能力。同时，操作手术机器人的医生和医护人员需要接受专业的培训，以确保他们能够熟练地使用机器人，并在必要时进行手动干预。此外，还需要建立明确的伦理和法律框架，以界定手术机器人在医疗过程中的角色和责任，以及在出现问题时的责任归属。另外，手术机器人在手术过程中会收集和处理大量敏感的医疗数据，因此需要确保这些数据的安全和隐私。

图灵奖得主、清华大学人工智能学院院长姚期智先生认为：人工智能领域下一个挑战将是实现"具身通用人工智能"；中国科学院院士、清华大学计算机系教授张钹指出：随着基础模型的突破，通用智能机器人（具身智能）是未来的发展方向。

具身智能在手术机器人中的应用是一个高度复杂且精细的领域，它涉及多个技术层面的协同工作。比如，在精准肿瘤切除手术中，具身智能手术机器人可能配备有高级的 3D 视觉系统，能够进行亚毫米级别的成像，以及与患者 MRI 和 CT 扫描数据集成的能力。机器人的机械臂通常具有 7 个或更多的自由度，以实现复杂手术动作的精确复现。例如，达芬奇手术系统（Da Vinci Surgical System）就是这样一种高度灵活的机器人平台，它能够缩放手术者的动作，提供精确的控制和改善手术结果。在这种场景下，风险包括图像配准的不准确、机器人运动的延迟或误差，以及在手术过程中可能出现的机械故障。此外，手术机器人的决策系统必须能够处理大量的实时数据，并在关键时刻作出快速而准确的判断。

而在心脏手术中，具身智能机器人需要具备极高的精确度和稳定性。例如，机器人可能需要集成特殊的力反馈传感器，以感知手术区域内的微小变化，并实时调整其操作力度。此外，机器人的控制系统可能需要能够处理高频的信号，以实现对心脏快速运动的精确跟踪。心脏手术的复杂性要求机器人系统具有高度的可靠性和安全性。此类手术的风险包括对心脏组织的意外损伤、出血控制不当以及机器人操作过程中的任何不稳定因素。此外，机器人系统的编程和操作必须符合严格的医疗标准，以确保手术的成功率。

7.1.3　具身智能在生物医药中的应用

2024 年，清华长庚医院与水木分子合作，利用生物医药多模态大模型技术，助力药物心脏安全性评价体系建立与验证。该项目基于长庚医院多年积累的脱敏临床 QT- 心脏毒性数据，采用水木分子全球前沿的生物医药多模态大模型技术，致力于构建科学、有效的药物心脏安全性评价体系。

具身智能和空间智能在医疗领域的应用正逐渐成为应对老龄化挑战、提供高质量医疗服务的关键技术。具身智能技术已被应用于自动化手术机器人，这些机器人能够执行精确的切割和缝合操作，极大地提高了手术的安全性和效率。达芬奇手术系统是此类技术的典型代表，它允许医生通过遥控操作进行微创手术，减少手术创伤和恢复时间。

具身智能在医疗行业的应用还包括"领视智选"智能心脏超声机器人，这是全球首创的"医疗+AI+机器人"新模式，实现了全球首例真人身上的自主心脏超声扫查，并通过了临床验证。

具身智能通过分析患者数据，为每个患者提供个性化的治疗方案。这包括医学影像分析，如分析X射线、CT扫描和MRI等医学图像，辅助诊断疾病。这些应用展示了具身智能和空间智能在医疗领域的广泛应用，从提高手术精度到个性化治疗方案，从药物研发到情感支持，具身智能技术正在改变医疗服务的提供方式，提高效率和质量，为患者带来更好的医疗体验。

具身智能手术机器人的共同风险点包括技术故障、数据错误、操作失误和患者安全问题。为了规避这些风险，需要对机器人系统进行严格的测试和验证，确保其在各种手术条件下的稳定性和可靠性。同时，医疗团队需要接受专业的培训，以便能够有效地监控和指导机器人的操作。此外，还需要制定严格的操作规程和应急预案，以应对手术过程中可能出现的任何意外情况。

具身智能不仅体现在手术环节，具身智能无人机还能为解救病人危在旦夕的生命提供空中支援。2023年3月16日，根据深圳市对低空经济的总体部署要求，拓展无人机应用场景，宝安区中心血站与丰翼科技共同推进无人机送血项目落地，开通深圳市首批无人机急救运血航线（如图7.1所示）：宝安区中心血站至深圳市中西医结合医院、中山大学附属第七医院、松岗人民医院、石岩人民医院、宝安人民医院和宝安妇幼保健院等医院。截至2024年12月底，已累计飞行近万架次，运输重量超32吨，其中8%为紧急用血订单。

图7.1　深圳无人机送血项目首飞现场

7.2 智能诊断系统的幕后英雄：AI如何辅助医生

7.2.1 具身智能在辅助诊断中的应用

具身智能技术在医疗领域的应用，特别是在辅助医生进行智能诊断方面，已经展现出显著的潜力和实际效果。在医院的初诊阶段，患者往往需要确定自己的症状适合哪个科室，通过使用 AI 辅助诊疗系统，如医渡科技开发的大模型，医生可以根据患者的症状和医疗记录快速推荐合适的科室。这种系统通过分析患者的病历和临床数据，提供精准的科室推荐，以提高诊疗效率和患者体验。例如，中国医学科学院阜外医院采用的智能分诊系统，使专科专病分诊准确率达到了 97.4%，显著提升了就医效率。

在诊断过程中，AI 系统可以分析医学影像，如 X 光、CT 扫描和 MRI 等医学影像，以识别和标记异常区域。例如，AI 可以辅助医生在乳腺癌筛查中识别肿瘤，提高诊断的准确性。此外，AI 系统还能够通过分析大量的病例数据，揭示疾病模式，协助医生制定个性化的治疗方案。北京纳通智能科技有限公司开发的"膝关节置换手术导航定位系统"就是一个例子，它通过 AI 技术为患者量身定制手术方案，提高了手术的精准度和安全性。

在这些场景中，AI 技术的应用不仅提高了医疗服务的效率，还有助于降低误诊率，提升患者护理的质量。然而，随着 AI 在医疗领域的深入应用，也需要注意数据隐私保护、算法透明度和公平性等问题，确保 AI 技术的健康发展和患者的权益。

在 AI 辅助诊断系统中，算法的准确性和医生的直觉判断之间的平衡是一个复杂的问题，需要考虑多个方面。在医学影像分析中，AI 系统通过深度学习算法分析医学影像，如 X 光、CT 扫描和 MRI 图像，帮助医生识别疾病的微小征兆。例如，AI 在识别肺结节和乳腺癌方面已经展现出与专业医生相媲美的准确性。然而，AI 系统可能在处理复杂或罕见病例时存在局限性，这时医生的直觉和经验判断就显得尤为重要。

为了平衡算法的准确性和医生的直觉，AI 系统应当设计为辅助工具而非替代品。医生可以利用 AI 系统的分析结果作为参考，但最终的诊断决策应结合医生的专业知识和临床经验来作出。此外，AI 系统应具备透明度，使医生能够理解其决策过程，从而更好地信任和利用 AI 的辅助。

7.2.2　具身智能在医疗领域应用的优势

AI 辅助诊断技术还可以作为决策支持系统，为医生提供专业建议和参考。AI 系统通过分析大量的医学文献和临床实践数据，可以为医生提供最新的诊疗指南和药物选择建议。这种系统在提供快速、精准的医学判断方面具有显著优势。

然而，医生的直觉和临床经验在面对复杂多变的临床情况时仍然不可或缺。AI 系统应该能够提供可解释的决策依据，让医生能够理解 AI 作出某种推荐的原因，从而结合自己的直觉和经验作出最终的诊断和治疗决策。

在实际应用中，AI 辅助诊断系统的设计和实施需要考虑到算法的准确性和医生的专业判断之间的互补性。通过提供透明的算法决策过程、强化医生与 AI 系统的交互，以及不断优化算法以提高其准确性，可以有效地结合 AI 技术和医生的直觉，提高诊断的质量和效率。同时，医生和医疗工作者也应接受相应的培训，以充分利用 AI 工具，并在必要时进行适当的人工干预。

在 AI 辅助诊断系统中，提高对罕见病例的识别能力是一个挑战，也是 AI 技术发展的前沿。AI 系统可以通过使用包含大量已知罕见病例的数据库进行训练来提高识别能力。例如，AI-MARRVEL（AIM）系统就是利用已知变异和遗传分析的大型公共数据库（MARRVEL）进行训练，能够辅助临床医生确认罕见遗传病的致病变异，从而提高诊断能力。

研究人员正在开发专门针对罕见病的 AI 算法，例如 "Genetic Transformer" (GeneT)，它通过微调大语言模型来识别罕见遗传疾病的致病变异，显著提高了诊断效率和致病变异召回率。AI 系统可以通过分析患者的临床特征和基因测序数据来识别罕见病，这种方法可以帮助系统从大量候选变异中识别出致病变异，从而提高诊断的准确性。

在诊断中，AI 系统可以采用反事实推断的方法，这种方法可以帮助模型识别出最可能导致病人症状的疾病，而不是仅仅基于相关性进行诊断，这在处理罕见病例时尤其重要。为了提高医生对 AI 诊断结果的信任，算法需要具备一定的解释性，让医生能够理解 AI 是如何作出诊断决策的。这可以通过可视化技术或模型内部特征的重要性评分来实现。随着新的罕见病例和研究的不断出现，AI 模型需要定期更新和重新训练，以纳入最新的医学知识和数据。

与医学专家紧密合作，确保 AI 系统能够反映最新的医学研究和临床实践，这对于提高罕见病例的识别能力至关重要。通过这些方法，AI 辅助诊断系统可以在提高对罕见病例的识别能力方面取得显著进展，从而为患者提供更准确的诊断和更好的医疗服务。

在 AI 辅助诊断系统中，平衡算法的准确性和医生的直觉判断是一个复杂的过程，需要考虑多个方面。比如，AI 系统通过分析大量的医疗数据，包括患者病历、实验室测试结果和医学影像，以提供精确的诊断建议。截至 2024 年 7 月，NMPA 共批准了 92 个医疗 AI 辅助诊断软件上市，说明 AI 在医疗影像诊断中的临床价值已被验证。

尽管 AI 可以提供数据支持的诊断建议，但医生的直觉和经验在处理复杂病例和罕见病症时仍然至关重要。医生的直觉往往基于临床经验和对患者整体状况的评估，这是 AI 目前难以完全模拟的。AI 系统应设计为辅助而非替代医生的工具。它们可以提供诊断建议，但最终决策应由医生结合专业判断作出。例如，病理医师可以通过全数字切片获得的辅助诊断结果，在提高诊断效率的同时有效降低漏诊。

为了使医生能够信任 AI 系统，算法的决策过程需要是透明的，并且能够提供解释。这样医生就可以理解 AI 系统的推理过程，并将其与自己的直觉和经验相结合。AI 系统需要不断地通过新的数据进行训练和优化，以提高其准确性。同时，医生对 AI 系统的反馈也应被纳入系统改进的考量中。

第8章 服务行业的新面貌

8.1 无人机配送：快递行业的创新变革

8.1.1 具身智能在物流领域的应用案例

2024年暑期档电影《逆行人生》聚焦于快递配送员的生活现状，引发了人们对快递配送业以及相关劳动者的关注。在现实中，快递配送业正面临着巨大的变革，其中具身智能和无人配送技术的发展尤为引人注目。

具身智能技术在物流配送领域的应用，可以极大地提高配送效率和降低人力成本。例如，木牛机器人推出的无人平衡重叉车，能够在造纸、纺织等行业的重物搬运场景中发挥重要作用，通过智能算法和实时决策系统，提高了操作精准度和效率。

无人配送技术则是利用无人驾驶车辆、无人机等自动化设备进行商品配送。这一技术的发展，不仅可以提高配送速度和服务质量，还能解决"最后一公里"的物流问题。目前，国内外许多企业如京东、美团、菜鸟等都在积极研发无人配送车，以期在未来的物流配送中实现规模化应用。

无人配送车可以24小时不间断工作，不受人类驾驶员疲劳和工作时间的限制，从而能够提高配送效率。长期来看，无人配送技术可以减少对人力的依赖，降低工资和福利等成本开支。无人配送技术可以接管一些恶劣环境下的配送任务，改善配送员的劳动条件。通过精确的路径规划和智能调度，无人配送车能够提供更快速、更准时的配送服务。无人配送技术的发展将推动快递配送业的技术革新和产业升级，促进整个行业的现代化和智能化。

随着技术的不断进步和市场的逐渐成熟，无人配送技术有望在未来几年内实现更广泛的商业化应用，成为快递配送行业的重要组成部分。同时，政府和企业也在积极推动相关政策和法规的完善，为无人配送技术的发展提供支持和保障。具身智能与无人机配送在快递行业的应用，代表了物流配送领域的创新变革。这种技术结合了先进的算法、传感器、机器学习等，使得配送过程更加自动化、智能化和高效化。

顺丰作为中国领先的快递物流公司，已经开始探索无人机配送服务。在某些偏远或交通不便的地区，无人机能够提供快速、便捷的配送服务。例如，在山区或海岛地区，无人机可以克服地形障碍，减少配送时间，提高效率。顺丰的无人机配送服务不仅展示了无人机在快递行业的应用潜力，也预示了未来快递配送服务的发展方向。

京东利用无人车和无人机进行末端配送，特别是在城市社区和校园等场景中。京东的无人配送车能够在固定路线上自主行驶，避开障碍物，完成配送任务。同时，京东也在探索无人机配送，通过无人机进行空中配送，实现点对点的快速配送。这些技术的应用不仅提升了配送效率，还为消费者提供了更加灵活的配送选择。

美团在自动配送领域进行了深入的探索和实践。美团的自动配送车能够在城市道路上安全行驶，完成从配送站到用户手中的"最后一公里"配送。这些自动配送车通过高精度地图、传感器和智能算法，实现了自主导航和障碍物避让。美团的自动配送车在北京、深圳等地进行了规模化运营，展示了自动配送技术在实际应用中的可行性和商业潜力。

具身智能和无人配送的发展是技术进步和市场需求的必然结果，它们将对未来的物流、交通和就业产生深远影响。社会和政府需要通过教育、培训和政策支持，帮助劳动力适应这些变化，确保技术发展带来的利益能够惠及更广泛的人群。

8.1.2 具身智能与无人机配送结合的优势

具身智能技术在无人机配送中的应用可以通过多种方式提高安全性。无人机配备有多种传感器，如摄像头、红外传感器、激光雷达和超声波传感器，这些传感器可以帮助无人机实时感知周围环境，检测和避开障碍物，确保飞行路径的安全。

通过北斗系统、视觉定位系统和室内定位技术，无人机能够精确知道自己的位置，即使在北斗信号弱或没有北斗信号的环境下也能保持准确的定位，从而能够避免偏离预定航线。具身智能无人机通常配备有先进的飞行控制算法，这些算法能够处理传感器数据，实现自主飞行和应急响应，如在遇到突发情况时自动调整飞行计划或安全着陆。

无人机上的计算平台能够实时处理大量数据，并作出快速决策，如避开飞行路径上的障碍物或在恶劣天气条件下调整飞行策略。为了提高安全性，无人机通常设计有冗余系统，这意味着关键组件（如电池、电机、传感器等）有备份，即使某个部分出现故障，无人机仍能安全运行。无人机的避障系统能够识别和评估潜在的碰撞风险，并采取措施避免与空中和地面的障碍物相撞。操作员可以通过远程监控系统实时跟踪无人机的状态，并在必要时进行干预，确保无人机在遇到问题时能够安全返回或着陆。

从发展趋势来看，具身智能与无人机配送技术在快递行业的应用将越来越广泛。随着技术的成熟和成本的降低，未来可能会出现更多创新的配送模式，如无人机与无人车的协同配送、智能调度系统等。这些技术的发展将进一步推动快递行业的自动化和智能化，提高配送效率，降低运营成本，同时也为消费者带来更加便捷和个性化的配送服务体验。

深圳东西涌作为中国最美八大海岸线之一，唯美的风景吸引了众多徒步爱好者前来穿越。整条徒步路线全程约6公里，沿途要翻过7座山、经过5个沙滩、攀爬铁链绳索、路过海边礁石，耗时4小时以上，给游客的体力带来较大考验，因此，及时的补给将给出游带来更好的体验。

为了给东西涌景区服务提质提效，深圳大鹏新区南澳办事处联合丰翼无人机开辟了东西涌景区无人机索降投送服务专线。在东西涌的徒步路线上，游客可以通过扫描无人机投送点的"丰翼飞送"二维码，下单选购所需物资。商家接单后将由丰翼无人机进行配送(如图8.1所示)，10分钟左右飞达投放点后通过索降将货物放置在指定地点，游客待无人机离开后即可取货。

图8.1 商家接单后将由丰翼无人机进行配送

8.2 自动配送系统的城市风景线

8.2.1 具身智能赋能城市发展的应用

具身智能技术在自动配送系统中的应用，为城市风景线带来了新的变革。

在济南启动的陆海通自动化分拣仓项目中，通过自主研发的控制程序和分拣调度算法，实现了物流仓储、分拣的全自动化。这种自动化分拣系统不仅提高了分拣效率，还通过使用可循环利用周转箱，推动了物流行业的绿色发展。然而，这种技术的应用也面临着挑战，如需要大量的前期投资、技术更新迭代快以及对高技能人才的需求增加。同时，这也是一个机遇，因为它可以推动物流行业的现代化，提高整体效率，并减少环境影响。

镇江街头出现的九识Z5智能城配车，展示了无人配送技术在城市配送中的应用。这些智能城配车能够遵守交通规则，自主完成送货任务，提升了配送效率，并减少了人工成本。这种技术的发展机遇在于它能够提供24小时不间断的配送服务，满足现代都市对即时配送的需求。挑战则包括技术可靠性的验证、法规的完善以及公众对自动驾驶技术的接受度。

具身智能技术在自动配送系统中的应用，正在全球范围内推动城市配送服务的创新和变革。不同城市在政策和实施情况上存在差异，但普遍趋势是鼓励技术创新和提供更高效、更安全的配送服务。

比如，北京经济技术开发区提出了建设全球一流具身智能机器人产业新城的行动计划，聚焦关键技术、核心产品、应用场景、企业梯队和产业生态五大领域，以推动具身智能机器人技术的发展和应用。北京亦庄发布的《无人配送车管理实施细则》为无人配送车提供了规范化的管理，包括车辆标准规范、安全性要求、商业模式创新、远程监管等，为无人配送车的安全行驶提供了保障。

上海作为中国的经济中心之一，对无人配送技术持开放态度。上海嘉定等地区已开展无人配送落地运营，通过智能网联示范区加快布局应用。上海在公开道路实行一人一车结合远程监控的方式，为无人配送提供了较为宽松的测试和运营环境。

深圳坪山区等地也在积极推动无人配送技术的应用，通过提供良好的基础设施支持和政策支持，促进无人配送技术的测试和商业化进程。其他城市，如武汉、常熟等地也在积极布局无人配送技术，通过智能网联汽车道路测试管理细则等政策，为无人配送车提供测试和运营的机会。这些城市通常采取试点形式，通过与政府及各管理部门的协调，推动无人配送技术的发展。

8.2.2 具身智能赋能末端配送的前景

中国的主要城市在具身智能技术应用于自动配送系统方面，普遍采取了积极的政策支持和实施措施，以促进技术创新和产业发展。同时，各城市也在探索适合自身特点的管理方式和运营模式，以期在未来的城市配送服务中发挥更大的作用。

随着自动驾驶技术的成熟，末端配送服务已开始实现商业化应用。例如，京东物流的智能配送机器人在武汉完成首单配送，展示了自动驾驶技术在实际物流配送中的应用。这种技术的应用机遇在于能够显著提高配送效率，降低人力成本，并且有潜力改变城市物流的运作方式；其面对的挑战则包括技术标准的制定、数据安全和隐私保护，以及与现有交通系统的融合。

具身智能技术在自动配送系统中的应用，为城市风景线增添了科技感，同时也带来了提高效率、降低成本和促进绿色发展的机遇。然而，这些技术的发展也需要克服包括技术成熟度、法规支持、公众接受度等多方面的挑战。随着技术的不断进步和市场的逐渐成熟，预计这些挑战将逐步得到解决，自动配送系统将成为城市物流不可或缺的一部分。

第9章　教育领域的创新变革

9.1　人形机器人辅助教学：互动课堂的实践案例

9.1.1　人形机器人在特殊教育中的应用

人形机器人在特殊教育中的应用案例涵盖了多种场景和需求，例如NAO机器人被用于帮助自闭症儿童提高社交技能。通过与机器人的互动，孩子们可以在一个受控和提供支持的环境中练习社交互动，这对他们来说可能比与人直接互动更容易。

例如，NAO机器人在希腊阿提卡的三所小学和一所舞蹈学校中被用于五项不同的试点研究，涉及音乐运动、生态意识、文化意识、沟通和社交技能等方面。结果显示，NAO机器人能与儿童建立积极友好的互动关系，对学生的认知和情绪产生积极影响。

Misty Robotics开发的机器人被用于特殊教育课堂，以增强社交互动和学习。Misty机器人通过提供一个连贯的、结构化的环境帮助自闭症谱系障碍（ASD）儿童进行学习、沟通和社交发展。在杜兰戈学校，Misty帮助学生练习回答面试问题、学习如何察言观色以及掌握基本的编码技能。在圣弗莱恩谷学校，Misty作为一个具有社交能力的机器人，帮助教师与有特殊需求的孩子接触，并找到提高他们的沟通技能和社交技巧的方法。

英国赫特福德郡大学自适应系统研究小组开发的情感智能社交机器人Kaspar，能够帮助自闭症儿童进行学习，同时也能够帮助他们康复并重新获得语言技能和社交技能。中国哈尔滨点医科技开发的情感智能机器人RoBoHoN 也用于帮助自闭症患者进行康复治疗，效果显著。

清华大学化工系卢滇楠教授的课堂通过引入 AI 助教系统，重构了"师—生—机"三方协同的教学生态。该系统基于利用 100 余部文献和教材的垂直训练，形成具备主动出题、答题及个性化反馈能力的智能助教（如图 9.1 所示）。学生可通过自然语言与 AI 实时交互，突破了传统课堂时空限制，实现了 24 小时答疑支持。这一模式将教师从重复性劳动中解放，从而可以转向聚焦高阶思维引导与创新性教学设计。

图9.1 "化工热力学"课程AI个性化学习空间

在 2024 年秋季学期试点中，使用 AI 助教的学生群体作业完成效率提升了 35%，概念理解准确率提高了 22%。系统累计处理超 1.2 万次交互请求，其中 85% 的常规问题由 AI 独立解决，教师仅需介入复杂案例分析。卢滇楠教授指出，AI 不仅延伸了教学时空维度，更通过记录学生思维轨迹为教学改革提供了数据支撑。

上述 AI 助教采用双模型架构：基于大语言模型的"知识中枢"负责内容生成，结合化学工程领域专业数据库的"校验模块"确保学术严谨性；教学团队同步建立伦理审查机制，对 AI 输出内容进行定期抽样复核，防范技术偏见对学习路径的误导。

在特殊教育中，这些系统可以用于对学生进行诊断与治疗，帮助他们尽快融入主流社会。例如，利用人工智能技术的情感智能社交机器人可以成为自闭症患者的伙伴，通过与其交流实时获取患者的社交行为关键数据，并适时作出调整，以培养患者的语言能力、社会沟通能力、情绪智力等。

人形机器人在特殊教育领域的应用正变得越来越广泛，特别是在辅助学习、提供社交互动机会以及作为教学工具方面。这些机器人通常具备一定的空间智能和具身智能，能够理解和响应周围环境，与人类进行交互。对于动作协调有困难的儿童，人形机器人可以通过动作模仿游戏帮助他们学习和练习动作技能。

9.1.2 空间智能如何赋能教育场景

人形机器人利用空间智能来理解自己在环境中的位置和周围物体的位置，这对于进行物理交互和导航至关重要。一些先进的人形机器人配备了情感识别技术，能够识别人类用户的情绪状态，并据此调整自己的行为。结合视觉、听觉和触觉等多种感官输入，人形机器人能够提供更丰富和自然的交互体验。通过分析学生的学习数据，人形机器人可以提供定制化的学习计划和活动。

例如，乐聚机器人公司专注于人形机器人关键技术研发，并在教育领域开辟新天地，通过增加智能化功能如传感器，以适应教育培训需求，并开发了配套的教材和课程。此外，德国学者 Ilona Buchem 也在探索人形机器人在教育中的应用，她认为人形机器人可以作为老师的助手，辅助推进课堂活动，帮助学生以有趣的、互动的方式学习。

人形机器人在特殊教育领域的应用正变得越来越多样化，它们不仅能够辅助自闭症儿童，还能帮助听力障碍学生，比如人形机器人可以通过语音识别和处理技术，减少外界杂音干扰，为听障学生提供帮助。

依托在情感识别方面的技术进展，人形机器人也可以为有情绪识别障碍的儿童提供情感支持和指导。另外，对于注意力缺陷多动障碍（ADHD）学生，人形机器人可以通过吸引学生的注意力和参与度，帮助他们更好地将注意力集中在学习上。

人形机器人在特殊教育中的应用，主要依赖于其空间智能和具身智能的技术进展。这些机器人能够理解自己在环境中的位置，通过身体动作和感知能力与人类进行交互。它们通常集成了情感识别技术，能够识别人类用户的情绪状态，并据此调整自己的行为。此外，自然语言处理技术使得人形机器人能够理解和生成语言，与用户进行交流。通过机器学习算法，人形机器人可以从互动中学习并改进其行为，以更好地满足特殊教育学生的需求。

在应用过程中，确保人形机器人在特殊教育中的使用既安全又符合伦理是至关重要的。

人形机器人的设计和制造应遵循严格的安全标准，例如《教育机器人安全要求》（GB/T 33265—2016）规定，要确保在物理交互中机器人不会对学生造成伤害。机器人应具备强大的数据保护措施，确保学生信息的隐私和安全，避免数据泄露或被不当使用。

同时，应制定和遵循伦理准则，如《中国机器人伦理标准化前瞻（2019）》中提出的"中国优化共生设计方案"（COSDP），强调以人为本，确保机器人的应用不会损害人类的利益和尊严。

9.1.3 人形机器人在教育场景中的挑战与问题

机器人的决策过程和操作方式应对用户透明，以便教育工作者和学生能够理解其工作原理和限制。尤其是教育机器人的使用，应受到适当的监督和定期评估，以确保其在教育过程中发挥积极作用，而不是取代人类教师。

在特殊教育中，人形机器人的使用若不透明，可能会导致一系列问题，例如学生和教师可能无法理解机器人的行为，从而无法适当地与之互动，也可能无法意识到机器人的局限性。这可能会导致对机器人的过度依赖或不信任，甚至可能因为机器人的错误决策而对学生造成伤害。

例如，如果一个机器人在辅助自闭症儿童学习社交技能时，其决策过程不透明，教育工作者和家长可能无法监控其行为和提供的帮助，也就无法确保机器人的行为与教学目标一致。此外，如果机器人在与学生互动时出现程序错误或数据解读错误，而不透明的决策过程会使问题难以发现和纠正，可能导致对学生的误导。

透明性确保了机器人的操作和决策过程可以被人类理解，这有助于建立信任，允许教育工作者和学生了解机器人的工作原理和限制。例如，如果机器人在辅助阅读障碍学生时，能够清晰地显示其阅读文本和提供反馈的逻辑，教师就可以监控这一过程，并在必要时进行干预。

最新空间智能的研究强调了机器人理解三维空间和与环境互动的能力的重要性。空间智能使机器人能够更好地理解空间关系，并在复杂的环境中作出决策。这对于特殊教育尤其重要，因为某些活动可能需要机器人在物理空间中与学生互动，比如引导肢体障碍学生进行身体锻炼。

监督和定期评估是确保人形机器人在教育中发挥积极作用的另一种方式。通过监督，教育工作者可以确保机器人的行为符合教育目标和伦理标准。定期评估可以帮助识别和解决潜在的问题，确保机器人的教学方法有效，并根据学生的需要进行调整。例如，教育工作者可以定期检查机器人与学生的互动记录，评估其是否提高了学生的参与度和学习成果。如果发现机器人的某些行为对学生产生了负面影响，可以及时调整程序或教学策略。

在特殊教育中，确保机器人的设计和应用考虑到不同能力和背景的学生，对于促进包容性和平等的学习机会至关重要。

例如，NAO 机器人已经在多个教育场景中被证明是提高学习水平和社交技能的有效工具。NAO 机器人通过不同的教育应用程序，如音乐运动、生态意识提升、文化意识增强、沟通技巧提升和社交技能培养，与儿童建立了积极友好的互动关系。

空间智能的进步为教育机器人提供了更多的可能性，如通过 3D 空间模型驱动的模拟环境进行训练，使机器人能够学习行动的无限可能性。这不仅能够帮助自闭症儿童提高社交技能，还能够帮助听力障碍学生通过视觉和触觉反馈进行学习。

为了确保包容性，教育机器人的设计应该考虑到不同学生的需求，例如提供可调节的交互难度，以及多种交互方式，以适应不同学习风格的学生。

同时，机器人的程序设计应包含多样性互动模式及适应性教学策略，以满足不同学生的个性化需求。

最终，通过监督和评估，教育工作者可以确保机器人的教学方法有效，并根据学生的需要进行调整，确保机器人在教育过程中发挥积极作用。这包括确保机器人的行为符合教育目标和伦理标准，以及确保学生与机器人的互动能够促进学习并增强学生的自信和社会参与度。

9.2　教育机器人在STEAM教育中的角色与贡献

9.2.1　高校在教育机器人方面的尝试

清华大学利用千亿参数多模态大模型GLM作为平台与技术基座，开发了多个AI助教系统，服务于不同学科的教与学。这些AI助教能够提供24小时的个性化学习支持、智能评估和反馈，辅助学生深入思考和激发学习灵感。

在建筑学院副教授龙瀛负责的"新城市科学"课程中，AI助教系统基于大量教材、习题、论文等材料，实现了自动知识点抽取。该系统将通用模型的答题正确率从80%提升至95%，并提供详细的答题解释，支持学生的大作业准备。

在"化工热力学"课程中，授课教师卢滇楠教授利用100多部相关文献和书籍，训练AI助教系统，使其具备主动出题与答题功能，并在课程大作业中作为辅助工具使用。

在"写作与沟通"课堂上，智能助教系统为写作课程提供支持，考虑了课程的教学需求，提供了新的视角和工具，帮助学生提升写作水平。

在"心智、个体与文化"课程中，智能助教系统提供高效的写作评价和反馈，帮助学生快速提高写作能力。

在"环境决策实践"课程中，智能助教系统通过探索互动式知识获取模式，提升了学生的课程参与度。

在清华大学的"大学物理"和"电路原理"教室里，智能助教系统提供代码形式的解答和答疑，补充了传统文字解答方式的不足。

清华大学在2024年开展100门人工智能赋能教学试点课程，持续创新教学场景，提升教与学效率与质量。这些案例显示了清华大学在利用人工智能推动教育教学创新方面的积极探索和实践，为高等教育的数字化转型提供了有益的参考。

9.2.2 AI助教与人形机器人的结合

AI助教系统作为一个24小时即时反馈的对话平台，能够帮助学生探索不熟悉的领域知识，提供研究灵感和思路，促进个性化学习。例如在"新城市科学"课程中，AI助教系统基于教师提供的教材、习题、最新论文等大量材料，实现了自动知识点抽取，能够辅助学生完成大作业。

AI助教系统中定义了多种功能卡片，作为问题模板，学生可以通过点击卡片获得项目设计的思路提示、流程设计、分析角度等，从而加深对相关知识的理解和研究思路的启发。

例如，在"心智、个体与文化"课程中，AI助教系统不仅能生成写作评价标准，还能针对学生的写作给出具体评价，帮助学生快速学习心理学理论知识，并为学生提供及时有效的反馈。教师希望借助AI助教实现"双师模式"，为学生提供更频繁、更个性化的反馈，激励学生持续练习写作，并在实践中不断磨砺思维。教师希望AI大模型能在学生评价和学习情况分析的反馈中发挥更大的作用，通过AI技术为每位学生生成一份学生档案，把对学生的过程性评价集成到教学系统中，无缝交互，自动收集和分析学生数据。

AI助教可以设计多种"人格"或"交流风格"，让学生根据个人喜好进行选择，以提升学生对AI助教的使用体验，并创造一个更加包容和适应性强的教学环境。

AI助教的引入改变了传统教学模式，形成了学生、AI助教、教师三元互动的新教学模式，如在"环境决策实践"课程中，AI助教采用探索互动式知识获取模式，提升了学生的参与度。AI助教的引入使教师角色发生了变化，教师从传统的知识传授者转变为学生学习过程的指导者和促进者。如清华大学教授罗三中提到，教师应该是最会使用 AI 的人，只有这样，他才能带领学生进行各种各样的尝试。AI 助教系统能够帮助教师优化教学资源配置，提升教学效率。如清华大学教授马昱春提到，应将教学资源、AI 编程教学助手与课堂讲授三者有机融合，推动教学工作提质增效。

AI 助教和人形教育机器人都是教育技术领域的重要成员，它们各自具有独特的优势和劣势，并在教育过程中发挥着互补的作用。虽然 AI 助教已经体现出了自身具备的很多优势，但同时，劣势也很明显，比如与人类教师相比，AI 助教可能无法完全复制人际交流的复杂性和情感深度。学生和教师可能过度依赖 AI 助教提供的自动化服务，从而忽视了人类教师的价值。

人形教育机器人是具有人类外形特征的实体机器人，可以在教育中扮演多种角色，如导师、同学和工具。和 AI 助教相比，人形机器人的外形和动作设计使其更易于与人类建立直观的交互。实体的存在和互动性可以激发学生的学习兴趣和参与度。人形机器人可以在模拟真实世界场景中发挥作用，提供更加丰富的学习体验。

但是，与 AI 助教软件相比，人形机器人的制造和维护成本通常较高。并且，当前的人形机器人可能在运动和交互能力上存在限制，无法完全模拟人类行为。未来，AI 助教和人形教育机器人可以相互补充，共同构建更加丰富和有效的教育环境。例如，AI 助教可以提供个性化的学习内容和反馈，而人形机器人可以在需要实体交互和模拟真实场景的教学活动中发挥作用。通过结合两者的优势，可以更好地满足不同学习者的需求，提供更加全面的教学支持。

第10章 法律行业的智能化应用

10.1 AI在法律分析中的应用：案例检索与智能合同

10.1.1 人工智能在法律行业的应用案例

随着科技的飞速发展，人工智能在法律行业的应用日益广泛，深刻改变着法律从业者的工作方式和法律业务的运作模式。其中，AI在法律分析中的案例检索与智能合同领域展现出了巨大的潜力和价值。下面将结合最新研究进展和实践案例，深入阐述这两个方面的智能化应用。

传统的法律案例检索依赖于法律从业者对各种法律数据库的熟悉程度和检索技巧，往往需要花费大量时间筛选相关案例。而AI技术的应用使得案例检索更加高效和准确。通过自然语言处理和机器学习算法，AI系统能够理解用户输入的法律问题，并从海量的案例库中快速找到最相关的案例。

例如，ROSS Intelligence是一款知名的法律AI应用，它利用深度学习算法对法律文本进行分析和理解。律师在使用ROSS进行案例检索时，只需输入案件的关键事实和法律问题，系统就能迅速返回相关的案例及分析。这大大节省了律师的时间，使其能够更专注于案件的核心问题和策略制定。

AI还可以对检索到的案例进行聚类和趋势分析，帮助法律从业者更好地理解法律问题的发展脉络和司法实践的倾向。通过对大量案例的文本挖掘和数据分析，AI系统能够发现案例之间的相似性和关联性，将相关案例进行分组，并总结出案件的关键争议点和裁判要点。以中国裁判文书网为例，该网站积累了大量的司法裁判文书。利用 AI 技术对这些文书进行分析，可以发现某些类型案件在不同地区、不同时期的审理趋势和裁判标准的变化。例如，对于知识产权侵权案件，通过 AI 分析可以了解到近年来法院在侵权认定标准、赔偿数额确定等方面的倾向，为律师和企业提供有价值的参考。

比如 Westlaw Edge，这是汤森路透推出的一款先进的法律研究平台，它运用 AI 技术提供强大的案例检索功能。在一个商业合同纠纷案件中，律师需要查找类似的案例来支持自己的诉讼策略。通过 Westlaw Edge，律师输入案件的相关关键词和事实要点，系统不仅快速检索出相关案例，还通过其智能分析功能提供了案例的关键信息总结、相关法条链接以及类似案例的对比分析，可以帮助律师全面了解案件情况，为案件的胜诉提供了有力支持。

在中国法律界具有广泛影响力的无讼案例平台也在积极应用AI技术。在一个劳动纠纷案件中，企业法务人员需要了解当地法院对于加班工资支付标准的裁判案例。无讼案例的 AI 检索功能根据法务人员输入的关键词和地域限制，迅速筛选出一系列相关案例，并按照相关性和时间顺序进行排序。同时，平台还提供了案例的可视化分析，如案件数量的年度变化趋势、不同法院的裁判观点分布等，使法务人员能够直观地了解该类案件的司法实践情况，为企业制定合理的劳动政策提供了依据。

10.1.2　智能合同的实际应用

智能合同是 AI 在法律行业的另一重要应用领域。借助自然语言处理和机器学习技术，AI 系统可以实现合同起草与审查的自动化。在合同起草过程中，系统根据用户输入的合同类型、基本条款和交易条件等信息，自动生成初步的合同文本。在合同审查方面，AI 系统能够快速识别合同中的潜在风险和法律问题，并提供相应的修改建议。

例如，LawGeex 是一家专注于智能合同审查的公司，其 AI 平台可以对合同进行全面的审查。在一个租赁合同的审查案例中，LawGeex 的系统能够在几分钟内识别出合同中关于租金支付方式、租赁期限、违约责任等条款的不明确之处和潜在风险，并给出详细的修改建议，如明确租金支付的具体日期和方式、补充租赁物损坏的赔偿标准等。这不仅提高了合同审查的效率，还降低了因合同条款不完善而引发法律纠纷的风险。

AI 还可以对合同条款进行智能分析，评估合同的风险水平，并及时发出预警。通过对大量合同样本的学习和分析，AI 系统能够建立合同风险评估模型，识别出合同中可能存在的风险因素，如违约风险、法律合规风险等，并根据风险的严重程度进行分类和提示。

以一个国际贸易合同为例，AI 系统可以对合同中的货物质量标准、交付时间、支付条款等关键条款进行分析，判断是否存在可能导致交易纠纷的风险因素。如果发现合同中对于货物质量的检验标准不明确，或者交付时间过于紧张可能导致违约风险，系统会及时向用户发出预警，提醒其与对方协商修改合同条款，以降低风险。

比如 DocuSign Gen for Salesforce，这是一款结合了电子签名和智能合同功能的应用。在一个销售合同的签订过程中，企业使用 DocuSign Gen for Salesforce 来生成和管理合同。系统根据企业预设的合同模板和销售数据，自动生成合同文本，并通过电子签名功能实现合同的在线签署。在签署前，系统还会对合同进行初步审查，提醒用户注意合同中的关键条款和潜在风险。例如，在一次软件销售合同签订过程中，系统检测到合同中的软件许可范围条款与客户的实际需求存在差异，及时提醒销售人员与客户沟通确认，避免了后续可能出现的法律纠纷。

IBM 的 Watson Contract Intelligence 平台利用 AI 技术为企业提供智能合同管理解决方案。在一个企业并购合同的审查案例中，该平台通过对合同文本的深入分析，识别出合同中关于资产交割、债务承担、竞业禁止等重要条款的潜在风险，并提供了详细的风险评估报告和修改建议。同时，平台还能够跟踪合同的执行情况，及时提醒企业履行合同义务，避免违约风险。例如，在资产交割条款中，平台发现对于某些特定资产的交割时间和方式规定不够明确，可能导致交割过程出现纠纷，通过及时提醒企业与对方协商明确相关条款，确保了并购交易的顺利进行。

AI在法律分析中的案例检索与智能合同应用为法律行业带来了诸多变革和机遇。通过提高检索效率和准确性、实现合同起草与审查的自动化以及提供智能分析和风险预警，AI技术能够帮助法律从业者更高效地处理法律事务，降低法律风险，提高法律服务的质量和水平。然而，我们也应认识到，AI技术在法律行业的应用仍处于不断发展和完善的阶段，需要法律从业者与技术专家密切合作，共同探索和解决应用过程中出现的问题。同时，法律行业的特殊性也要求在应用AI技术时充分考虑法律伦理和社会责任，确保技术的合理应用，为法律行业的发展和社会的法治建设作出更大的贡献。

10.2 机器人律师：自动化法律咨询与支持服务

10.2.1 当律师成为机器人

DoNotPay最初是一款为处理罚款、滞纳金和停车罚单的消费者提供法律咨询的聊天机器人。用户输入基本信息后，它会将信息转化为法律文件，判断是否有上诉依据，并引导用户进行上诉。后来，它的服务范围扩展到航班延误的补偿诉讼、住房申请等领域。例如，在住房申请方面，用户回答与个人情况相关的问题，机器人就能自动生成完整的申请表，帮助用户申请政府住房。

自推出以来，DoNotPay在英国和美国广泛使用，帮助用户处理了大量案件。其创始人曾表示用该技术已成功对客户的19万张停车罚单提出异议，公司成立以来总共处理了约200万个案件。该应用的订阅服务价格为每年36美元，拥有约15万名付费用户，为许多弱势群体提供了便捷、低成本的法律服务。

GenAI Harvey3，是美国初创公司推出的一款面向律师的人工智能系统。它可以分析文件、起草合同，甚至帮助律师准备法庭诉讼。经过性能测试，其已经能够以经验丰富的律师 74% 的水平执行法律工作，能够快速处理大量的法律文件和信息，为律师提供高效的支持。这代表着人工智能在法律领域的应用不断深入，能够辅助律师完成许多日常的、重复性的工作，让律师有更多时间专注于复杂案件的处理和策略制定，提高了法律工作的效率和质量。

当然，类似 GenAI Harvey3 这样的系统，在实际应用中也存在一系列问题，比如"幻觉"现象，GenAI Harvey3 可能会生成一些看似合理但实际上不准确或不真实的信息。具体来说，在法律案例分析中，它可能会对某些法律条款的理解出现偏差，或者对案件事实的解读不够准确，导致给出的分析和建议存在错误。对于复杂的法律问题，它可能只是基于表面的文本理解进行分析，而无法深入理解问题的本质和背后的法律逻辑，从而影响分析结果的质量。

因此，需要不断更新和优化训练数据，确保数据的准确性、完整性和时效性，增加高质量的法律文本数据，包括各种复杂的案例、法律条文的解读和专业的法律分析报告等，让模型能够学习到更准确的法律知识和分析方法。

10.2.2　机器人律师可能面临的挑战

在使用 GenAI Harvey3 这类机器人律师的结果时，需要引入专业的法律人员进行人工验证和审核。对于发现的错误或不准确的结果，应及时反馈给模型开发者，以便对模型进行进一步的训练和优化。同时，结合其他的人工智能模型或技术，如知识图谱、逻辑推理模型等，来弥补机器人律师在深度理解和逻辑推理方面的不足，提高分析结果的准确性和可靠性。

在使用机器人律师的过程中，用户输入的法律案件信息、个人信息等可能会被泄露。如果模型的安全防护措施不够完善，黑客可能会攻击模型系统，获取这些敏感信息。模型开发者或服务提供商可能会滥用用户的数据，例如将用户的数据用于其他商业目的或未经用户授权的分析和研究。因此，需要加强安全防护，采用更先进的加密技术、访问控制技术和安全审计技术，确保模型系统的安全性。同时，应该对用户数据的存储、传输和处理过程进行严格的加密和保护，防止数据被非法获取和篡改。

模型开发者和服务提供商应制定明确的数据使用规则和隐私政策，告知用户数据的收集、使用和共享方式，并获得用户的明确授权。同时，应建立严格的数据管理机制，确保数据的使用符合法律法规和用户的授权范围；此外，还应对机器人律师的系统进行定期的安全审计和漏洞扫描，及时发现和修复安全隐患；加强对模型开发者和服务提供商的监管，要求他们定期报告数据安全情况，确保用户数据的安全。

当机器人律师给出的法律建议或分析结果导致错误的决策或不良后果时，很难界定责任的归属。产生此类问题是模型开发者的责任，还是用户的责任，或者是其他相关方的责任，缺乏明确的法律规定和界定标准。模型的训练数据可能存在歧视和偏见，导致机器人律师在分析和处理法律案件时，对某些群体或个人产生不公平的结果。例如，在预测犯罪风险或判决结果时，可能会受到数据中潜在的种族、性别等因素的影响。

政府和相关部门应加快制定和完善关于人工智能在法律领域应用的法律法规，明确责任的界定、伦理标准和监管机制。同时，应建立健全的法律体系，为机器人律师的应用提供法律保障。此外，应成立专门的伦理审查机构，对机器人律师的开发、训练和应用过程进行伦理审查和监督，确保模型的训练数据和算法符合伦理道德标准，避免出现歧视、偏见等问题。

10.2.3　机器人律师发展需要注意的问题

应该提高机器人律师的透明度和可解释性，让用户能够了解模型的分析过程和决策依据。还应开发可视化的工具和界面，展示模型的分析结果和推理过程，以便用户和监管机构进行审查和监督。

虽然机器人律师是为法律领域设计的，但在面对一些特定的法律领域或专业的法律问题时，可能由于缺乏相关的专业知识和经验，导致分析结果不够准确或适用。例如，在处理国际法、知识产权法等专业性较强的领域时，可能会出现理解和分析上的困难。法律行业有其自身的工作流程和系统，机器人律师可能与现有的法律信息系统、案件管理系统等存在兼容性问题，导致数据传输和共享困难，影响工作效率。

针对特定的法律领域，应该对机器人律师进行进一步的训练和优化，增加相关领域的专业知识和案例数据。还应与法律专家合作，收集和整理特定领域的法律文献、案例和法规，将其纳入模型的训练数据中，以提高模型在特定领域的适应性和准确性。同时，也需要加强机器人律师与现有法律系统的集成和对接，开发相应的接口和插件，确保数据的顺畅传输和共享。此外，还需要与法律信息系统提供商、案件管理系统开发商等合作，共同制定系统集成的标准和规范，提高系统的兼容性和互操作性。

中国最高人民法院在 2018 年推出了"智慧法院导航系统"和"类案智能推送系统"，各地方法院也推出了，如北京的"睿法官"智能研判系统、上海的"206"刑事案件智能辅助办案系统、河北的"智审 1.0"审判辅助系统等人工智能产品。这些系统可以为法官审理案件提供支持，比如快速检索类案、分析案件数据、提供法律条文参考等，帮助法官更准确、高效地作出判决。在大量的案件审理中，这些系统提高了司法审判的效率和公正性，减少了人为因素对审判结果的影响。例如，在一些复杂的案件中，系统可以快速梳理案件的关键信息和争议焦点，为法官提供全面的参考，有助于法官作出更合理的判决。

10.3 法律文档智能审查：提高法律行业的效率与准确性

10.3.1 烦琐、重复的事情交给机器人

以浙江某司法局的乡镇（街道）合法性数智审查应用为例，该应用依托一体化智能化数据平台和浙政钉架构体系，搭载智能审查、风险预警、决策研判三大场景，实现"PC 端＋移动端"同步运行。该应用归集了大量的法律法规和政策文件，运用文档解析、语义分析等技术，打造语义智能检索、相

似度识别等功能组件，成功搭建一体化分析模型。它具备智能比对、自动查错、一键生成审查意见书等功能，提升了审查工作的质效。有数据显示，该系统使得各乡镇（街道）审查办件效率提升71%，行政争议发案量同比下降18.5%，行政诉讼发案量同比下降30.3%。通过自动分析办件生成风险提示，能及时推送预警信息，还能依据动态数据和实地督查情况通报工作情况，为科学治理提供了有力支持。

为解决法院执行款发放工作烦琐、当事人线下申报效率低、体验不佳等痛点，该司法局还通过自研的青松低代码开发平台搭建系统，利用RPA（机器人流程自动化）数字员工模拟工作人员操作，自动处理规则明确、重复性强的工作流程，实现了申请、审核、发放等流程的批量自动化操作，并且在无须改造原有业务系统的情况下实现了跨系统、跨平台的数据连通。

该系统为当事企业和人员提供了安全便利的线上办理渠道，能够自动及时地完成法院执行款发放，大幅降低了当事企业和人员的时间成本，提高了法院、银行等机构的工作效率，同时也缓解了法院的人力资源压力，优化了政务服务体验。

10.3.2　具身智能如何赋能法律场景

智能合同审查工具可以利用人工智能技术，实现合同的智能审查。例如，智能合同审查工具能够对合同文档进行模板和泛化合同审查，支持多种格式文档的信息智能抽取，以及风险智能审查。在协作定稿方面，这类工具支持合同的多人协作审查、自动智能审查、实时在线修改、多人协作留痕等功能。它们还可以进行文本比对，如两份合同文件的内容差异对比、修改高亮显示等。智能合同审查工具比较有效地应对了法务合同审查中业务合同数量增加、人工审查耗时长、风险无法全面呈现等挑战，提高了合同审查的效率和准确性，减少了人工经验判断的风险和缺漏，使合同管理更加规范和高效。

在未来，具身智能机器人可以被应用到法律证据收集与现场勘查工作中。例如，在犯罪现场勘查时，具身智能机器人可以凭借其先进的传感器和环境感知能力，对现场进行全面、细致的扫描和数据收集。它可以快速识别现场的痕迹、物证等关键信息，并通过与云端数据库的连接，实时对比分析，为案件侦破提供更准确的线索和证据支持。

相比传统的人工勘查方式，具身智能机器人能够更高效地完成现场勘查工作，减少人为误差和遗漏，提高证据收集的准确性和全面性，为案件的侦破和审理提供更有力的支持。并且，具身智能机器人可以在一些危险或难以到达的现场环境中发挥重要作用，保障执法人员的安全。

第11章 融合趋势的案例分析：智能家居、智慧城市

11.1 具身智能、空间智能交汇融合

11.1.1 更智能的系统与更深刻的反思

2024 年，AI 技术以前所未有的速度嵌入各行各业，带来了巨大的变革和机遇。然而，技术的狂飙也带来了诸多风险，人类安全、伦理问题蔓延至社会的方方面面，技术狂飙的欣喜与奥本海默式焦虑接踵而至。AI "教母"李飞飞呼吁，要像"登月计划"一样推动 AI 的发展。然而，诺奖得主却担忧："比我们更智能的系统终将控制一切"。联合国通过了监管人工智能的"里程碑式"决议，欧盟批准了首个 AI 监管法案。《人工智能全球治理上海宣言》呼吁："在人类决策与监管下，以人工智能技术防范人工智能风险"。而在全球 AI 中心、大洋彼岸的美国加州，首次提出防止大模型对人类造成"严重伤害"的监管法案，却遭到了否决。争议仍在持续，但"奇点"正在来临。

具身智能是 AI 领域的一个重要发展方向，它将智能系统与环境融为一体，使其能够像人类一样通过感知和行动与环境进行交互。2024 年，具身智能在多个领域取得了显著进展。

优必选科技的工业人形机器人 Walker S Lite 在比亚迪汽车工厂和吉利汽车的极氪宁波工厂进行了实训和测试，显著提升了生产效率和稳定性。在富士康的物流场景中，Walker S Lite 也展现了其高效作业的能力。

腾讯 Robotics X 实验室研发的 TRX-Hand 具身智能机器人正在为智慧医

疗产业注入新活力。此外，医疗领域的智能理疗系统通过 AI 视觉与力控技术的结合，为患者提供个性化、精准化的治疗方案。

中科原动力的智农采摘机器人针对温室番茄、樱桃等果实研发，一机多头，提高了对于不同采收工艺要求的适应性，高效解决了无人化采摘的一系列难题。

空间智能是 AI 领域的又一个前沿方向，其核心在于教会计算机如何看、学习和行动，并且不断学习如何更好地看和行动。李飞飞及其团队在这一领域取得了重要进展，以下是一些实际案例。

李飞飞创办的 World Labs 致力于赋予人工智能"空间智能"——生成 3D 世界、在 3D 世界中进行推理并与之互动的能力。例如，他们开发了一个将单个图像变成 3D 形状的算法，以及从单个图像生成无限可能的空间的算法。

人形机器人是具身智能的重要载体，其发展不仅限于工业领域，还在服务和养老等领域展现出了巨大的潜力。

广汽推出了自主研发的第三代具身智能人形机器人 GoMate，计划 2025 年实现自研零部件批量生产，并率先在广汽传祺、埃安等主机厂车间生产线和产业园区开展整机示范应用。小鹏、奇瑞、小米、上汽等多家车企也纷纷通过投资或自研方式入场，发布人形机器人相关技术、产品或规划。

网易灵动技术负责人陈赢峰博士认为，人形机器人最终适合服务人类，因为社会环境依据人类形态设置，其人形结构能复用已有设备并给人带来更好的情感感受，可在餐饮、摁电梯、家用等场景为人类提供便利。

在养老院里，机器人可以辅助老人进食、散步，解决劳动力短缺问题。这些案例展示了人形机器人在提升生活便利性和解决劳动力短缺问题方面的巨大潜力。然而，人形机器人的发展也带来了新的挑战。例如，如何确保人形机器人的安全性和可靠性，以及如何避免其对人类情感和社交关系产生负面影响，都是需要深入思考的问题。

在 AI、具身智能和人形机器人快速发展的背景下，我们需要进行深刻的思考和反思：不眠不休的机器极大提升了效率，但也无情地刷新了劳动价值的版图。当一技之长的护城河逐渐变成小溪，无数普通劳动者将如何开辟新的领域？我们需要重新定义劳动的价值，鼓励人们从事更有创造性、更有情感价值的工作。

海量资源推动着信息平权，也制造着新的鸿沟。在人人都成为"知识容器"的一刻，如何保持智识的独特与人性的温暖？我们需要关注教育资源的公平分配，确保每个人都能在知识的海洋中找到自己的位置。

算力和数据提速着认知与决策，也扰动着心灵中公平正义的天平。若将一切抉择都交给算法，人的精神与觉醒是否面临荒芜？我们需要在算法决策和人类决策之间找到平衡，确保人类的价值观和道德准则在决策过程中得到体现。

如果机器可以从事一切工作，治疗一切疾病，抵达一切远方，对抗一切时间，人类作为创造者，登临那造物之巅，看到的究竟是创世纪的朝霞还是终结者的余晖？我们需要重新思考人与机器的关系，确保人类始终掌握着技术的主导权，而不是被技术所奴役。

在 AI、具身智能和人形机器人快速发展的时代，我们既看到了技术带来的巨大机遇，也看到了其带来的诸多挑战。我们需要在推动技术发展的过程中，始终保持对人类价值和尊严的尊重。每个人都可以在大时代中写下自己的愿望与倔强，用活法定义世界的算法，将真实汇成世界的真相。因为"它"无懈可击，"你"才意义涌现。生而为人，就绝不甘为无角色的 NPC，总期望在这个世界找到那个真正的自己。

在 AI 与机器人技术的融合趋势中，智能家居和智慧城市是两个成效显著的应用领域，它们的发展正引领着未来生活方式的变革。

11.1.2 具身智能在智能家居中的应用

智能家居的实现，正在通过 AI 技术的加持，使得家庭设备不仅变得自动化，而且变得更加智能化和个性化。例如，通过 AI 技术，智能音箱不仅能够播放音乐，还能控制家中的照明、温度和其他智能设备，甚至能够根据用户的习惯和偏好自我学习，提供更加贴心的服务。

具身智能在智能家居领域的应用正逐渐成为现实，它通过 AI 技术赋予家居设备以感知、决策和执行的能力，从而提升居住的便捷性和舒适度。

苹果 Vision pro 游戏类家务应用通过 AR 技术，将清洁任务转化为收集金币的游戏，使得家务变得有趣。用户在拖地的同时，可以通过眼镜看到地板上的金币，既完成了清洁工作，又享受了游戏的乐趣。

Vision pro 不仅是一副眼镜，还是通往另一个世界的门户。在这款家务应用的辅助下，家中的地板变成了寻宝的地图，金币在清洁的路径上闪耀，每一块被拖把触碰的地面，金币便随之消失，留下一片洁净的领域。这不仅是家务，更是一场游戏，每一次的清洁动作，都变成了寻找宝藏的乐趣。而与戴森吸尘器的结合，更是将这种体验提升到了新的高度，可视化的吸尘过程，让人在完成家务的同时，享受到了游戏般的快感。

随着技术的不断进步，我们可能会看到未来的智能家居设备将更加注重多模态交互，结合视觉、听觉、触觉等多种感官信息，提供更加自然和直观的用户体验。

通过机器学习和大数据分析，智能家居设备将能够学习用户的行为模式，自动调整其功能以适应用户的需求和习惯。未来的智能家居将不再是单一设备的智能化，而是整个家居系统的集成和协同工作，实现全屋智能控制和优化。

在智能家居设备逐渐普及的过程中，安全和隐私保护将成为设计的重要考虑因素，应确保用户数据的安全和隐私不被侵犯。智能家居设备应采用强大的加密技术来保护存储和传输的数据。例如，可以使用隐私计算进行数据加密，确保数据在传输过程中的安全性。智能家居系统应遵循最小化数据收集原则，只收集提供服务所必需的数据，减少潜在的数据泄露风险。

在智能家居普及过程中，大多数用户最担心的是隐私和安全问题，因此，用户应该能够控制自己的数据，包括拥有访问、更正、删除个人数据的权利。智能家居设备应提供清晰的隐私设置，让用户能够轻松管理自己的隐私偏好。如此，智能家居设备制造商和开发者可以更好地保护用户的隐私和数据安全，同时也能够提升用户对智能家居技术的信任。

TCL发布的3D人脸大屏猫眼智能锁，融合了AI技术和3D人脸识别，能够精准识别用户面部信息，提供安全快捷的入户方式。AI技术的加持使得智能锁能够不断自我完善，提高识别准确率和用户体验。商汤科技的元萝卜光翼灯通过AI智能科技，化身为家庭中的一员。它的眼睛——高精度的摄像头，能够洞察家中的一举一动，它的心脏——强大的AI处理器，能够理解家中发生的一切。当孩子坐在书桌前时，它能够通过摄像头捕捉孩子的坐姿，并通过AI分析判断是否需要提醒孩子调整姿势，以保护视力和脊柱健康。同时，它还能够监测家中的安全状况，一旦检测到异常，便能够及时通知家长。

11.1.3 人形机器人走进家庭

未来的AI智能监管摄像头将能够更加精准地识别和分析孩子的行为习惯，提供更加个性化的反馈和建议，帮助家长更有效地引导孩子养成良好的生活习惯。随着技术的进步，这些摄像头将具备更高级的情感识别能力，更好地理解孩子的情绪状态，并根据情绪变化进行适当的交互，提供更加人性化的陪伴。

海尔机器人和乐聚机器人展出的Kuavo人形机器人，能够执行家庭任务如洗衣、浇花等，同时具备教育和娱乐功能，可以为孩子提供科技启蒙。ChatMini智能音箱结合ChatGPT与百度文心一言双AI，提供更智能、更拟人的互动体验。它能够根据用户需求提供信息搜索、内容创作等服务，成为家庭中的AI朋友。这些案例展示了AI技术在智能家居中的应用潜力，它们不仅提升了家居的智能化水平，还为用户带来了更加丰富和便捷的生活体验。

以上场景中的AI应用如果加入人形机器人，或者将部分功能集成到人形机器人身上，将变得更加高效和有趣。人形机器人在智慧家居中的应用场景多样，它们通过模拟人类的外观和行为，能够更加自然地融入家庭环境，提供各种服务和互动。

比如，人形机器人可以作为家庭助理，帮助家庭成员完成日常任务。具体来说，它们可以设定日程提醒、控制家中的智能设备（如灯光、温度）、管理家庭安全系统等。日本软银的 Pepper 机器人能够识别人的情绪并与人进行简单的交流，同时还能控制家中的智能设备。小米 CyberOne 能够感知 45 种人类语义情绪，分辨 85 种环境语义。CyberOne 搭载了小米自研的全身控制算法，可以协调控制 21 个关节，并配备了视觉空间系统，能够三维重建真实世界。在家庭场景中，有较大的使用和想象空间。

人形机器人还可以作为儿童的教育助手和玩伴，提供教育内容、讲故事、玩游戏等。

例如 RoboKind 公司生产的机器人 Milo，它被设计用来帮助有特殊需求的儿童学习社交技能。这个机器人拥有一张由柔性材料构成的脸庞，能够细腻地模仿人类情感的微妙变化。从愤怒的阴霾到喜悦的阳光，Milo 的面部表情丰富而生动，为孩子们解读着人类复杂情感的密码。

在平板电脑和专属 App 的辅助下，Milo 引领孩子们遨游在学习的数字海洋中，无论是在父母的陪伴下，还是独自探索，Milo 都是他们可靠的向导。Robokind 公司的研究揭示了一个令人振奋的事实：在 Milo 和治疗师的共同陪伴下，孩子们参与交流的时间飙升至 70%～80%，这是传统治疗课程中那微不足道的 3%～10% 互动所无法比拟的。

人形机器人还可以帮助用户做家务，如扫地、擦窗、整理物品等。例如丰田的 Human Support Robot（HSR）机器人，具有灵活的手臂和手部，能够抓取和搬运物品，帮助家庭成员完成家务。科大讯飞集成大模型和多模态强化学习控制的人形机器人，能够执行拿取物品、行走等动作。这款机器人结合了星火大模型，实现了"大脑—小脑—本体"全链路的协同，提高了任务拆解和物体寻找的成功率。

就是在"炒菜"这一件事情上，各机器人公司的设计路径也有所不同。比如，波士顿动力的炒菜机器人 Atlas，通常以高度的灵活性和运动能力为特点，能够执行复杂的动作和任务。Atlas 的设计注重于机器人的自主性和适应性，能够在各种环境中工作，包括家庭和工业环境。Atlas 的设计路径更侧重于机器人的通用性和技术展示，其成本相对较高，主要用于研究和展示先进的机器人技术。

网上迅速爆火的斯坦福大学 Mobile ALOHA 机器人项目，由斯坦福华人团队开发，采用 Transformer 架构，造价约 3.2 万美元。这款机器人的设计路径侧重于开源和低成本，使得更多的研究者和开发者能够参与到机器人技术的研发和改进中。Mobile ALOHA 不仅能够炒菜，还能执行家务任务，如浇水、吸尘、装卸洗碗机等。它的设计注重于模仿学习和全身协调控制，通过人类演示来学习如何执行任务，然后自主执行。

国产的博智林炒菜机器人则更侧重于商业应用和实用性，它们通常被设计为能够集成到餐厅和后厨中，以提高效率和降低成本。博智林的炒菜机器人可能更注重于特定的烹饪任务，如炒菜、炖菜等，并且可能具有更简单的用户界面和操作流程，以适应商业厨房的高效率需求。

11.1.4　人形机器人在家庭场景中面临的挑战

在实际应用过程中，人形机器人需要集成多种技术，包括机器视觉、语音识别、自然语言处理、运动控制等。这些技术的整合和优化是一个复杂的过程，目前尚未完全成熟。例如，ALOHA 机器人自动擦红酒渍的成功率有95%，推椅子是 80%，而炒虾只有 40%，这表明在复杂任务上，机器人的表现仍有局限。

高端的人形机器人如波士顿动力的 Atlas 成本高达 200 万美元，斯坦福的 ALOHA 机器人虽然成本较低，约 3.2 万美元，但离投入大规模商业化应用仍有距离。成本的降低是推广人形机器人的关键因素之一。

人形机器人公司的商业化路径从部分企业发展数据便可窥斑见豹。比如，优必选2024年上半年的财报显示了显著的增长和改善。公司实现了营业收入 4.87 亿元，同比增长 86.6%；毛利润达到 1.85 亿元，同比增长 213.9%，毛利率为 38%，相比 2023 年有了明显的提升。此外，公司的亏损大幅收窄，EBITDA 亏损同比收窄 23.75%。

优必选的三大主营业务——人工智能教育、其他行业定制智能机器人以及消费级业务均实现了高质量增长。其中，人工智能教育业务收入同比增长

112.9%，其他行业定制智能机器人业务收入同比增长 309.5%，消费级业务收入同比增长 105.5%。

在技术层面，优必选在人形机器人领域取得了重要进展，特别是在机器人技术和人工智能技术方面。比如，他们迭代了新一代工业版人形机器人，设计出了第三代有压力监测功能的灵巧手。同时，优必选还构建了包含多类人物场景的大模型微调自有数据集，并训练了面向人形机器人工业场景的任务规划大模型。

优必选比较亮眼的动作是，积极与汽车、3C 等制造业重点领域的企业合作，如东风柳汽、吉利汽车、一汽红旗等，共同构建人形机器人应用生态，打造人形机器人示范应用。在 2024 年世界机器人大会上，优必选展示了"人形机器人工业场景解决方案"，其 Walker S 系列人形机器人现场执行了质检、搬运、分拣等任务，引领着整个人形机器人产业的商业化应用进程。

人形机器人公司的商业化现状显示出了积极的增长趋势和技术进步，在进一步商业化方面，机器人的学习是非常重要的因素，而这在很大程度上依赖于大量数据的收集。如 ALOHA 机器人被定义为"一种用于数据收集的低成本全身远程操作系统"，这意味着机器人的学习能力受限于可获得的数据量和数据质量。尽管 ALOHA 机器人在特定任务上表现出色，但它在未见过的任务上的表现可能不佳。这表明机器人的泛化能力有限，需要更多的学习和适应才能在多变的环境中有效工作。

此外，人形机器人在与人类互动时的安全性和可靠性是关键考量。机器人必须能够识别和避免潜在的危险情况，以确保人类安全。目前，这些安全机制可能还不够完善。虽然人形机器人在某些特定任务上表现出了令人印象深刻的能力，但在技术成熟度、成本效益、数据依赖性、泛化能力、安全性和可靠性以及社会接受度等方面仍存在局限。未来的研究和发展需要在这些领域取得更多突破，才能实现人形机器人的广泛应用。

11.1.5 具身智能在智慧城市中的应用

在"智慧城市"的建设中，AI 技术的应用更是广泛。从智能交通管理系统到城市安全监控，再到灾害预警和应急响应，AI 技术都在发挥着重要作用。例如，通过 AI 技术，城市能够实现更高效的交通流量管理，减少拥堵，提高出行效率。同时，AI 技术还能够助力城市实现更精准的能源管理，优化资源分配，推动可持续发展。

比如，具身智能技术可以用于交通监控和流量控制，通过智能摄像头和传感器收集数据，分析交通模式，并实时调整交通信号灯，以优化交通流。例如，利用深度学习算法分析交通摄像头数据，预测和缓解拥堵情况。在实际应用中，一般是使用智能摄像头和传感器（如地磁传感器、雷达等）收集交通流量、车速、车辆排队长度等数据。这些设备能够实时监测交通状况，为后续分析提供基础数据。收集到的数据通过边缘计算设备或云端服务器进行处理，系统利用深度学习算法，如卷积神经网络（CNN）和循环神经网络（RNN），对图像和传感器数据进行分析，识别车辆、行人等交通参与者，并预测交通流量变化趋势。

基于深度强化学习的算法，智能系统能够学习并优化交通信号灯的控制策略。例如，通过调整信号灯的绿灯时间，减少特定方向的交通拥堵，提高交叉口的通行效率。系统根据实时数据分析结果，动态调整交通信号灯的配时方案。在交通高峰期，可以增加主要交通流向的绿灯时间，而在交通平峰期，则可以采用更加均衡的配时策略。

以深圳的智能交通系统的应用为例，该系统通过部署在城市各主要路口的智能摄像头和传感器，实时监测交通状况，并利用深度学习算法对数据进行分析，动态调整交通信号灯，有效缓解了交通拥堵问题。此外，上海交大教授卢策吾在具身智能领域的研究，也展示了如何通过具身智能技术提升机器人在复杂环境中的自主决策和执行能力，这为智能交通系统的发展提供了新的视角和技术支持。

齐鲁文化基因解码工程通过系统解构齐鲁文化中具有标识意义的资源，提取有利用价值的"最小颗粒"，这一过程与具身智能的核心理念相契合，实现了通过智能化手段实现对复杂文化现象的精准识别与分析（如图11.1所示）。

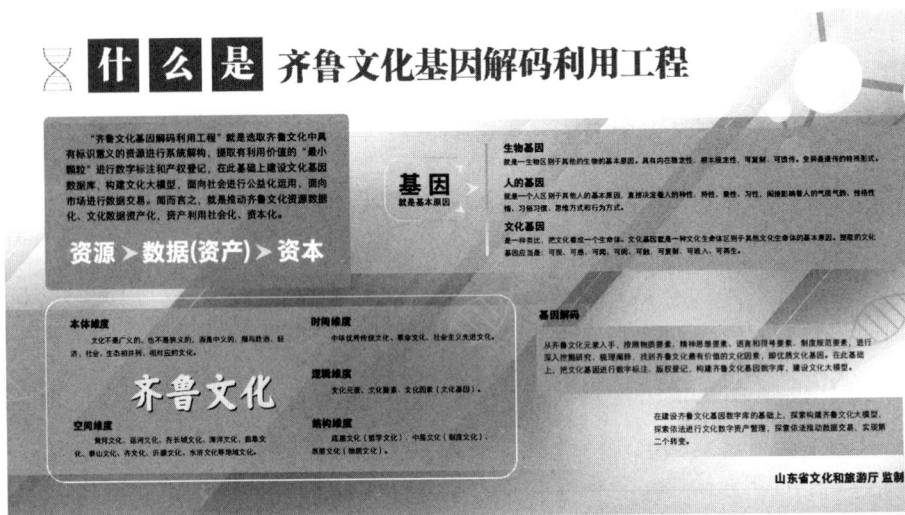

图11.1 齐鲁文化基因解码利用工程示意图

数字标注与产权登记：对提取的文化基因进行数字标注和版权登记，不仅保护了文化遗产，还为文化资源的再利用和创新提供了法律保障。这一过程类似于具身智能在信息处理和存储方面的应用，确保了文化数据的准确性和可追溯性。

文化大模型构建：在解码文化基因的基础上，构建文化大模型，面向社会进行公益化运用和市场数据交易。这类似于具身智能在决策支持和交互应用方面的能力，通过智能化模型推动文化的广泛传播和创新应用。

多模态交互体验：可以设想，在未来的齐鲁文化推广中，结合AR/VR等先进技术实现用户与文化基因的沉浸式互动，将极大地提升文化体验的丰富性和深度。

该工程在山东省布局了多个专业试点和区域试点，形成了覆盖广泛、协同联动的文化资源布局。在提取文化基因的基础上建设文化基因数据库，为文化资源的数字化存储和高效检索提供了有力支持。这类似于空间智能在数据管理和信息检索方面的应用，通过智能化的手段实现了文化资源的快速定位和精准获取。

通过数字化手段，将齐鲁文化基因以可视、可感、可闻、可阅、可触的形式呈现给公众，极大地丰富了文化展示的内容和形式。这体现了空间智能在可视化表达和多媒体展示方面的能力，通过智能化的手段增强了文化体验的吸引力和感染力。结合 AI、大数据、云计算等先进技术，进一步提升了齐鲁文化基因解码的精准度和效率，推动了文化资源的智能化管理和高效利用（如图 11.2 所示）。

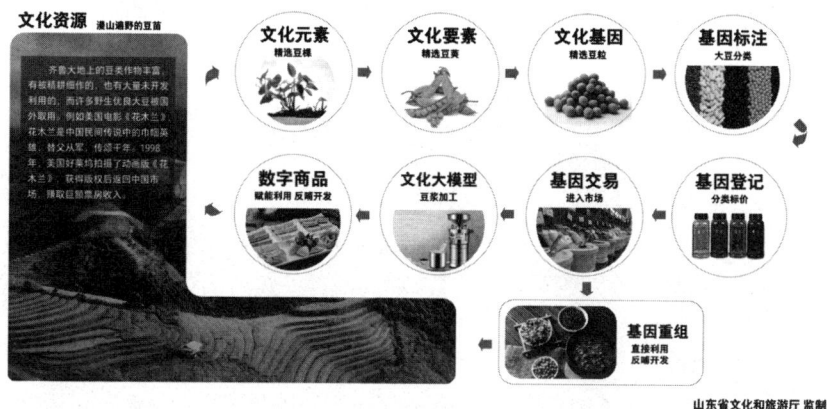

图11.2　齐鲁文化基因解码利用工程形象图

通过探索 AR/VR 等新技术在文化展示和传播中的应用，该工程打造了更加沉浸式的文化体验场景，提升了公众的文化参与感和认同感。山东省将依托齐鲁文化基因解码利用工程，推动文化产业的创新发展，形成具有地方特色的文化产业集群和产业链；同时，还将拓展文化数据的交易和应用场景，推动文化数据的资本化和市场化运作，为文化产业的可持续发展提供动力。

具身智能机器人在智慧城市中的潜力正在逐渐显现，它们通过与环境的实时交互和自主学习，能够更好地服务于城市生活和管理的各个方面。

例如，宇树科技的 G1 人形机器人经过量产设计升级，能够执行单脚跳、360°旋转跳等复杂动作，这表明其平衡能力和控制能力得到了显著提升。这样的机器人可以在城市搜索救援、公共安全等领域发挥重要作用，比如在复杂环境中进行快速有效的搜索和救援工作。

　　意大利技术研究院（Istituto Italiano di Tecnologia）正在研发的 iRonCub3，是一款喷气动力仿生人，它基于 iCub3 机器人平台，能够进行空中检查和地面救援任务。iRonCub3 的设计亮点在于其背部和手臂末端搭载了涡轮喷气发动机，提供高达 1000 牛顿的推力，使其具备快速到达灾难现场的能力（如图 11.3 所示）。此外，它还能够在复杂地形中导航，执行搜索和救援任务，甚至在必要时进入受损建筑进行结构评估。iRonCub3 的耐高温设计和先进的控制与导航系统，使其在极端环境下也能保持安全性和可靠性。

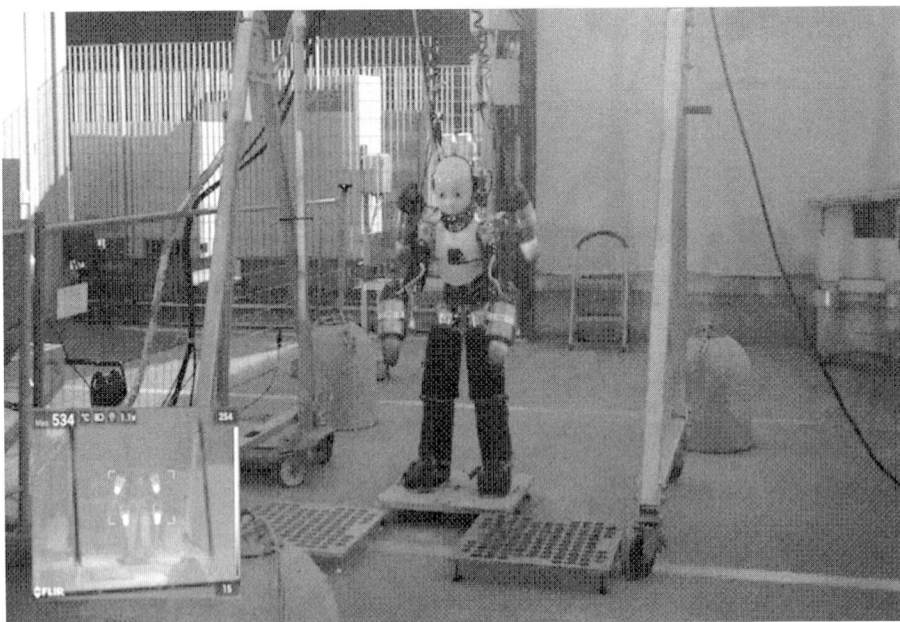

图11.3　意大利技术研究院iRonCub3喷气动力仿生人

　　此外，无人机在灾害救援中的应用还包括灾区广域监测、紧急航测航摄、应急通信保障和前沿直接支援。无人机能够低空飞行，受云雾影响较小，影像分辨率较高，能够长时间滞空和大范围机动，灵活方便，能及时对灾害发生后的大范围受灾情况、交通情况和潜在次生灾害等调查提供可靠支撑，并能够保障作业人员的安全，避免人员伤亡。

　　智能无人应急救援装备包括救援机器人、智能无人挖掘机、智能无人救援保障装备、多机协同救援装备等。这些装备能够在灾害现场进行目标识别、点位确认、人员定位等信息的可视化收集，为决策提供基本依据。例如，履带式机器人、轮式机器人、足式机器人等救援机器人可以在废墟中进行搜索和救援任务，而智能无人挖掘机可以在灾害现场进行快速挖掘和清理工作。

在灾害救援中，通信网络的顺畅至关重要。有研究机构开发了飞行通信服务器，该服务器以无人机为基本载体，配备了一个单板计算机实现了一个Wi-Fi基站，一个Web服务器和一个WebRTC服务器，即使在蜂窝电话网络/公共无线网络已经失效的情况下，也能够实现实时视频通信。

浙江人形机器人创新中心推出的领航者2号NAVIAI，具备精确技能作业能力，能够进行物品搬运、抓放、伺服插孔等操作，这些都是智慧城市中智能制造和高端服务业所需要的能力。随着AI技术的不断进步，这些机器人在感知、识别、交互等方面的能力将更加自然流畅，能够更好地融入城市环境，提供更加智能化的服务。

此外，星动纪元的STAR 1人形机器人展示了高扭矩和高转速的技术跨越，具备快速奔跑和高负载的能力，这使得它在物流配送、重物搬运等智慧城市应用场景中具有潜在的优势。随着技术的不断发展，我们可以预见，未来的人形机器人将更加智能和灵活，它们将在智慧城市建设中扮演更加关键的角色，不仅能够提高城市管理的效率，还能够为居民提供更加便捷和个性化的服务。这些机器人的进化和应用，将是人类社会向智能化时代迈进的重要一步。

11.1.6　人形机器人在城市场景中的挑战

人形机器人在智慧城市中的性能和效率的评估与优化是一个多维度的过程，涉及硬件、软件、算法和应用场景等多个方面。比如，从核心零部件的性能方面对比，就有包括电机扭矩、关节自由度、传感器精度等多个指标。

例如，宇树科技的G1人形机器人具有120N·m的最大关节扭矩和43个自由度，而星动纪元的STAR 1则拥有400N·m的最大关节扭矩和55个全主动自由度。

AI算法的智能化也是"具身智能"评估的重要依据，包括机器人的自主学习能力、环境适应性和任务执行效率。AI算法可以通过模仿学习、强化学习等技术，使机器人更加智能化和个性化。

从环境感知与交互能力来看，机器人需要具备高精度的感知系统，如3D LiDAR、深度摄像头等，以实现实时感知和导航。当然，运动智能也是不可或缺的，机器人在复杂地形中的行走稳定性、自适应性和抗干扰能力是评估其性能的重要指标。

另外，还包括多模态大模型的应用等指标，通过大规模数据集训练，机器人能够理解和响应人类需求，使用人类工具完成复杂操作。

人形机器人若想在"智慧城市"场景中真如科幻电影所展示的那般酷炫，还需要不断迭代和优化，比如硬件优化，通过使用高效率的电机、轻量化的材料和高容量的电池，提高机器人的续航能力和负载能力。还有算法优化，通过深度学习和机器学习算法，提高机器人的决策速度和准确性，减少错误和无效操作。同时还包括软件平台的集成，利用类似NVIDIA Isaac ROS等模块化软件包，提供NVIDIA加速和AI模型，简化机器人的开发流程。还有，使用仿真平台如NVIDIA Isaac Sim进行机器人的仿真测试，优化其在物理环境中的表现。此外，还可以通过开源社区和合作伙伴的共同努力，加速技术迭代和规模化生产，降低成本。

人形机器人在智慧城市中的应用潜力巨大，通过不断的技术迭代和优化，它们将在城市管理、公共服务、工业自动化等多个领域发挥重要作用。比如，用于巡逻城市公共区域，如公园、广场等，通过集成的视觉和听觉传感器监测异常行为，及时报警并协助应急响应。这些机器人还可以在紧急情况下提供现场信息，辅助决策。此外，还可以用于环境监测方面，具身智能系统可以部署在城市各处，监测空气质量、噪声水平和气候条件，通过实时数据分析帮助城市管理者制定相应的环境改善措施。

在建筑内部，具身智能技术可以实现能源管理自动化，如智能温控、照明控制等，提高能效并降低运营成本。在医院、图书馆、博物馆等公共场所，具身智能服务机器人可以提供导览、信息咨询和简单任务执行等服务，提升公共服务效率和质量。

在自然灾害或紧急情况下，具身智能机器人可以进入人类难以到达的区域进行搜索和救援，通过携带的传感器和设备评估灾情，提供救援支持。

未来可期，但通向未来的路上，我们需要确保人形机器人在智慧城市中的安全性和可靠性，这就需要从多个方面进行考量和优化。从政策角度而言，需要制定严格的技术标准和安全规范，确保人形机器人在设计、制造和操作过程中符合安全要求。例如，上海机器人研发与转化功能型平台牵头制定了一系列机器人可靠性国家标准及团体标准。

在硬件与软件的可靠性方面，需要使用高质量的材料和零部件，并通过严格的测试和质量控制流程来确保硬件的可靠性。在软件方面，需要有稳定和安全的操作系统和控制算法，以及实时的错误检测和处理机制。

同时，需要配备高精度的传感器和先进的感知系统，使机器人能够准确感知周围环境，避免碰撞和意外。例如，宇树科技 G1 人形机器人配备了 3D LiDAR 和 RealSense 深度摄像头，使其能够实时感知和导航周围环境。还可以优化利用人工智能技术的程度，使人形机器人具备自主学习和适应环境的能力，提高其在复杂环境中的可靠性。例如，星动纪元的 STAR1 人形机器人采用了端到端纯学习方法，实现了在不同环境中的泛化行走和抓取。

在安全防护与应急响应方面，需要设计有效的安全防护措施和应急响应机制，确保在机器人发生故障或意外时能够迅速采取措施，减少损失。当然，也需要加强对操作人员的培训和教育，确保他们了解机器人的操作规程和安全事项，正确使用和维护机器人。

11.2 具身智能、空间智能在智能建筑和城市规划中的应用

11.2.1 具身智能在智能建筑中的应用

具身智能强调智能体通过身体与环境的交互来实现智能行为。在智能建筑领域，具身智能体通常表现为各种智能设备，这些设备具有感知、处理和行动的能力。它们通过内置的传感器感知建筑环境中的各种物理量，如温度、湿度、光照强度等，然后利用内置的算法进行处理，最后通过执行器（如

电机、阀门等）对环境做出相应的调节。

比如，智能照明系统是具身智能在智能建筑中的典型应用。该系统中的灯具配备了光传感器和人体感应传感器等具身智能所需的硬件。光传感器能够感知环境的光照强度，人体感应传感器则可以检测人员的活动情况。

当光传感器检测到室内光照不足时，系统会自动打开灯具进行照明。同时，人体感应传感器可以识别房间内是否有人。如果房间内长时间无人，系统会自动调暗灯光亮度或关闭灯具，以达到节能的目的。例如，在办公楼的走廊中，智能照明系统可以根据人员的走动情况，只在人员经过的区域提供足够的照明，避免了能源的浪费。

智能空调系统则利用具身智能技术来实现舒适的室内环境控制。空调设备配备了温度传感器和湿度传感器等。温度传感器实时监测室内的温度，湿度传感器则监测室内的湿度。基于这些传感器的数据，空调系统可以根据预设的舒适温度和湿度范围来自动调节运行模式。比如在夏季，当室内温度升高到超过设定值时，空调会自动开启制冷模式；当室内湿度较大时，空调会切换到除湿模式。在酒店客房中，这种智能空调系统可以为客人提供更加舒适的居住体验，同时也有助于酒店降低能源消耗。

智能安防系统中的监控摄像头和门禁系统等设备体现了具身智能的应用。监控摄像头相当于具身智能体的"眼睛"，能够对建筑内外部的环境进行实时监控。先进的监控摄像头还具备图像识别功能，可以识别出异常行为或未经授权的人员。门禁系统则通过身份识别技术（如指纹识别、人脸识别等）来控制人员的进出。例如，在高档住宅小区中，智能安防系统可以有效防止陌生人进入，保障居民的安全。当监控摄像头发现可疑人员时，会立即向安保人员发出警报，同时门禁系统可以阻止该人员进入小区。

11.2.2　空间智能与建筑设计

空间智能涉及对空间信息的感知、理解、分析和操作能力。在智能建筑中，空间智能主要用于建筑空间的优化设计、空间资源的有效管理以及人员在建筑空间内的行为分析等方面。通过对建筑空间数据的采集和分析，空间智能可以帮助提高建筑的使用效率和舒适度。

例如，在商业建筑的设计中，空间智能技术可以通过对消费者行为数据的采集和分析来优化店铺的空间布局。例如，通过在商场内安装位置传感器和 Wi-Fi 嗅探器等设备，可以收集消费者在商场内的行走路线、停留时间和消费行为等数据。

利用这些数据进行空间分析，可以了解哪些区域的客流量大，哪些店铺更容易吸引消费者停留。然后，可以根据分析结果对商场的店铺布局进行调整，将热门店铺安排在客流量大的区域，以提高整体的商业效益。例如，一些大型商场会将主力店和热门的快时尚品牌店安排在商场的主要通道两侧，以吸引更多的消费者进入店铺消费。

室内导航系统是空间智能在智能建筑中的重要应用。该系统利用蓝牙定位、Wi-Fi 定位等技术来确定人员在建筑内的位置，并结合建筑的空间布局数据为用户提供准确的导航服务。

在大型医院中，室内导航系统可以帮助患者和家属快速找到科室、诊室和检查室等地点。例如，患者在手机上输入要前往的科室名称，室内导航系统就会为其规划出最佳的行走路线，并通过语音和地图指引的方式引导患者到达目的地。这不仅提高了患者的就医体验，也有助于提高医院的运营效率。

在办公建筑中，空间智能可以用于空间资源的管理。通过对办公空间的使用情况进行监测和分析，可以了解哪些办公区域利用率高，哪些区域经常闲置。例如，采用座位占用传感器可以监测会议室和办公座位的使用情况。如果发现某些会议室长期闲置，管理人员可以考虑对其进行重新规划或调整用途，以提高办公空间的利用率。同时，对于共享办公空间，空间智能可以帮助优化工位的分配，根据员工的实际使用需求进行灵活安排。

11.2.3　具身智能、空间智能与城市规划

在城市规划中，具身智能和空间智能的结合可以更加全面地考虑城市中人和物的行为与空间的关系。具身智能可以模拟城市中个体（如行人、车辆

等）的行为，空间智能则可以对城市的空间结构和资源进行分析和优化，两者相互配合有助于制定出更加合理和可持续的城市规划方案。

在城市交通规划中，具身智能和空间智能可以协同工作。可以通过具身智能技术模拟车辆和行人的出行行为，例如车辆的行驶路线选择、行驶速度以及行人的过街行为等。同时，空间智能技术可以对城市的道路网络、交通流量分布和公共交通设施的布局等空间数据进行分析。以城市地铁站周边的交通规划为例，空间智能可以分析地铁站周边的道路容量、公交线路走向和停车场位置等空间信息。然后，结合具身智能对行人从地铁站到目的地的出行路径选择和流量的模拟，可以优化地铁站周边的交通设施布局，如增加公交线路、设置合理的步行通道和自行车停放点等，以缓解交通拥堵，提高城市交通的运行效率。

在城市公共空间（如公园、广场等）的规划中，空间智能可以对公共空间的地形、植被、设施分布等空间要素进行分析，例如通过对公园内不同区域的人流量进行监测和空间分析，了解哪些区域受欢迎，哪些区域较为冷清。

具身智能则可以模拟市民在公园内的活动行为，如散步、锻炼、休闲等。结合两者，城市规划师可以对公园的功能分区进行优化。例如，在受欢迎的区域增加休闲座椅和景观设施，在冷清的区域设置一些特色景观或活动场地，吸引市民前往，从而提高公共空间的利用率和市民的满意度。

在城市能源规划方面，具身智能和空间智能也有重要应用。具身智能可以模拟城市中建筑物和能源设施（如发电厂、变电站等）的能源消耗行为，并考虑到不同季节、不同时间段的能源需求变化。

空间智能则可以分析城市的地理空间信息，如地形、建筑物分布和太阳辐射强度等，来确定太阳能板、风力发电机等可再生能源设施的最佳安装位置。例如，通过空间智能分析城市中不同区域的太阳辐射量，在光照充足的区域（如城市郊区的工业园区屋顶）安装太阳能板，结合具身智能对能源消耗的模拟，合理规划城市的能源供应网络，提高城市的能源利用效率，实现城市的可持续发展。

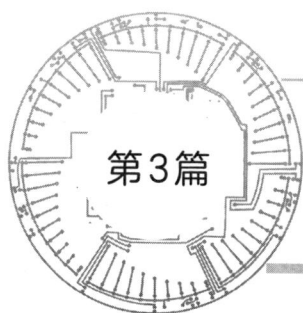

第3篇　技术融合对
社会的影响

第12章 就业市场的转型

12.1 新岗位的诞生故事：AI与机器人创造的职业

12.1.1 涌现的就业新机会

人工智能、大数据与医疗技术的融合在不断加深。例如，通过对大量医疗数据的分析，人工智能可以辅助医生进行疾病诊断、预测疾病发展趋势；同时在药物研发过程中，大数据分析和人工智能算法可以加速药物筛选和研发过程。医疗影像技术也在不断进步，如结合了人工智能的医学影像诊断系统，能够更准确地识别病变，极大地提高了医疗效率和诊断准确性，让患者能够更快地得到准确的诊断和治疗方案。对于一些偏远地区或医疗资源匮乏的地区，远程医疗技术结合人工智能的辅助诊断，能够让当地患者享受到更好的医疗服务，有助于缓解医疗资源不均衡的问题。

技术的发展，也催生了新的岗位，比如，医疗数据分析师，负责收集、整理和分析大量的医疗数据，为医生提供数据支持和决策依据。他们需要具备医学知识和数据分析技能，能够从海量的数据中挖掘出有价值的信息。

医疗人工智能工程师，专门从事医疗领域人工智能算法的研发和优化，使人工智能系统能够更好地适应医疗场景，提高诊断和治疗的效果。

还有智能医疗设备维护师，随着各种智能医疗设备的广泛应用，如智能血糖仪、智能血压计等，需要专业的技术人员对这些设备进行维护和管理，确保其正常运行。

在交通领域，自动驾驶技术是汽车技术、人工智能、传感器技术等多种技术融合的产物。通过传感器获取车辆周围的环境信息，人工智能算法对这些信息进行处理和分析，从而实现车辆的自动驾驶。同时，智能交通系统将交通管理、通信技术、大数据等技术融合在一起，实现对交通流量的实时监控和管理。自动驾驶技术如果得到广泛应用，可以大大减少交通事故的发生，提高交通效率，缓解交通拥堵。智能交通系统能够优化交通信号控制，提高道路通行能力，减少车辆的等待时间和尾气排放，对环境保护也有积极的意义。

在广大出租车司机担心自己失业的同时，自动驾驶也带来了这些新的岗位。比如，自动驾驶算法工程师，他们是自动驾驶技术的核心研发人员，负责设计和优化自动驾驶算法，使车辆能够准确地感知周围环境并作出正确的驾驶决策。

智能交通系统管理员，负责智能交通系统的运行和维护，监控交通流量，及时调整交通信号控制策略，确保交通系统的高效运行。

车辆传感器工程师，负责研发和维护自动驾驶车辆上的各种传感器，如激光雷达、摄像头、毫米波雷达等，确保传感器的准确性和可靠性。

12.1.2 新岗位需要新能力

新技术的迭代与其说替代了部分人的工作，不如说是在时代的洪流中，升级了人类工作的意义和场景，使得人们不得不提高自己的胜任能力，让人们生存得更有尊严，更能发挥人之为人的特质和专长。汽车取代马车，用了一百年时间，无人驾驶替代司机的过程，也不会太快，但在可见的未来，每个平凡的普通人能做的，应该是如何在发展的大潮中掌握机遇，而不是被动接受或者被淘汰。

比如，出租车司机能否转岗到无人驾驶中的远程安全员，让我们详细分析一下。一般而言，无人驾驶中的远程安全员需要持有相应准驾车型的驾驶证，如C1或以上驾驶证。一般要求有一定年限（通常1年以上，部分要求3

年或 5 年以上）的实际驾驶经验，并且驾驶记录良好，无重大安全事故，无恶劣违章记录，如最近连续多个记分周期内没有被记满 12 分的记录，最近一年内无超速 50% 以上、超员、超载、违反交通信号灯通行等严重交通违法行为记录，无酒驾或醉驾记录等。同时，还要求对车辆的操控和性能有深入了解，能够准确判断车辆的行驶状态和潜在问题，以便在远程监控时迅速作出反应。

但是，更最重要的是需要具备信息技术能力。比如，熟练掌握远程监控系统的操作方法，能够实时监控多辆无人驾驶车辆的运行状态，包括车辆的位置、速度、行驶轨迹、传感器数据等。

远程安全员还需要具备基本的计算机操作技能，能够快速准确地录入和处理车辆运行过程中的相关数据，如问题记录、反馈信息等；也需要掌握一定的数据处理和分析能力，以便从大量的车辆数据中发现潜在的风险和问题。

在无人驾驶车辆遇到突发状况，如道路障碍、交通拥堵、车辆故障等情况时，远程安全员需要能够迅速分析问题，判断是否需要远程干预以及采取何种干预措施，在短时间内作出正确的决策。

如果需要远程操控车辆以解决问题，远程安全员应具备熟练的远程驾驶操作技能，能够通过远程控制系统准确地控制车辆的行驶方向、速度等，确保车辆的安全。

在车辆发生事故或自动驾驶功能失效时，远程安全员要能够按照规定的程序及时处理，包括记录和存储事发前的运行状态信息，向相关部门和人员报告事故情况，配合后续的事故调查和处理工作。

尽管是远程工作，但在必要时他们需要与车内乘客进行沟通，告知乘客车辆的运行情况、解释相关操作和措施等，因此需要具备良好的沟通能力和服务意识，能够安抚乘客的情绪，解答乘客的疑问。

远程安全员还需要与无人驾驶技术的研发团队、运维团队等密切协作，及时反馈车辆运行过程中出现的问题和异常情况，为技术团队提供准确的信息和数据，以便技术团队对无人驾驶系统进行优化和改进。对远程安全员的要求还有：始终保持高度的安全意识，将车辆和乘客的安全放在首位，严格遵守相关的安全规定和操作流程，不忽视任何可能影响安全的细节；具备较强的责任感，对自己的工作认真负责，能够在工作时间内保持专注和警觉，确保远程监控工作的有效性和可靠性。

出租车司机通过学习是有可能胜任无人驾驶中的远程安全员工作的，因为出租车司机拥有丰富的实际驾驶经验，对各种路况和交通场景非常熟悉，这对于判断无人驾驶车辆的行驶状态和潜在风险具有重要的帮助。他们能够凭借自己的驾驶经验更好地理解车辆在不同情况下的反应和需求，从而更准确地进行远程监控和干预。

在日常的出租车驾驶工作中，出租车司机经常会遇到各种突发状况，如交通事故、车辆故障等，积累了一定的应急处理经验。这些经验可以帮助他们在担任远程安全员时，更加冷静、迅速地应对无人驾驶车辆遇到的突发问题，采取有效的措施保障车辆和乘客的安全。

出租车司机通常具有较强的学习能力和适应能力，能够快速掌握新的技术和知识。通过相关的培训和学习，出租车司机一般可以掌握远程监控系统的操作、数据处理等技能，适应远程安全员的工作要求。

不过，出租车司机要成为合格的远程安全员，除了需要进行系统的培训和学习，以提升自己在信息技术、应急处理等方面的能力，还需要转变工作思维和方式，适应远程监控的工作模式。

12.1.3　新岗位需要跨界人才

在教育领域中，在线教育平台结合了互联网技术、多媒体技术和教育教学理论，通过直播、录播等方式，将优质的教育资源传递给学生，同时利用大数据分析学生的学习情况，为学生提供个性化的学习建议。虚拟现实（VR）和增强现实（AR）技术也正在逐步应用于教育领域，为学生提供更加生动、直观的学习体验。这种学习方式，打破了时间和空间的限制，让学生可以随时随地获取学习资源，促进了教育公平。个性化的学习模式能够更好地满足学生的不同需求，提高学习效果。

当然，新技术的应用也促使了新的岗位诞生，比如在线教育课程设计师，负责根据教学目标和学生的需求，设计在线教育课程的内容和教学方法，确保课程的质量和效果。

又如教育技术支持专员，负责为学校和教育机构提供技术支持，解决在线教育平台使用过程中出现的技术问题，保障教学活动的顺利进行。

还有 VR/AR 教育内容开发者，负责利用虚拟现实和增强现实技术，开发教育相关的内容，如虚拟实验室、历史场景重现等，为学生提供沉浸式的学习体验。

金融领域也是如此，人工智能、大数据与金融技术的融合日益紧密。例如，智能投顾系统利用大数据分析客户的风险偏好和财务状况，为客户提供个性化的投资建议。区块链技术在金融领域的应用也在不断拓展，如跨境支付、证券交易等方面，提高了交易的安全性和效率，为投资者提供了更加便捷、高效的投资服务，降低了投资门槛，使更多的人能够参与到金融市场中来。区块链技术的应用减少了金融交易的中间环节，降低了交易成本，提高了交易的透明度和安全性。

在金融领域越来越卷的情况下，还是会产生很多跨专业、跨场景的新岗位，比如金融科技产品经理，负责金融科技产品的规划、设计和推广，需要具备金融知识和科技背景，能够将金融业务需求与技术实现相结合。

还有区块链开发工程师，专注于区块链技术在金融领域的应用开发，包括区块链底层平台的搭建、智能合约的编写等。

金融数据科学家则是运用数据分析和机器学习算法，对金融市场数据进行分析和预测，为金融机构的投资决策和风险管理提供支持。

12.2 传统岗位的转型案例：技术如何重塑工作

12.2.1 具身智能时代的新工人

在当今科技飞速发展的时代，具身智能、空间智能和人形机器人技术取得了令人瞩目的进展，这些技术正深刻地重塑着传统岗位的工作模式。

在传统的物流仓储中，仓库工人需要花费大量的时间和体力在仓库中寻找货物、搬运货物等。他们要在复杂的货架间穿梭，人工记录货物的位置和数量，工作效率较低且容易出现人为错误。

随着具身智能和空间智能技术的引入，人形机器人开始在物流仓储领域大展身手。这些机器人配备了先进的视觉传感器和空间感知系统，能够利用空间智能快速绘制出仓库的三维地图。基于具身智能，它们可以通过内置的算法和控制系统，根据地图规划出最优的搬运路径。

例如，当有货物需要存储时，机器人能够通过视觉传感器快速识别货物的大小和形状，然后利用空间智能计算出货架上的最佳存放位置。同时，具身智能使其能够灵活地调整自身的动作和姿态来抓取和搬运货物。

仓库工人的角色从繁重的体力劳动转变为机器人的监控者和维护者，他们不再需要长时间在仓库中寻找和搬运货物，而是通过操作软件来调度和管理机器人。例如，当机器人出现故障时，工人可以及时进行维修；或者根据物流订单的变化，对机器人的工作任务进行重新分配。

在建筑施工行业中，建筑工人在施工过程中面临着诸多危险，如高空作业、重体力劳动等。而且在施工精度控制方面，人工操作往往难以达到很高的标准，例如保持砌墙的平整度和垂直度。

人形机器人结合具身智能和空间智能技术在建筑施工中带来了变革。这些机器人具备高精度的空间智能，能够利用激光扫描等技术对施工场地进行精确测量和建模。具身智能则让机器人可以像人类一样灵活地操作施工工具。比如在砌墙作业中，机器人可以通过空间智能获取墙面的设计数据，利用视觉传感器实时监测墙体的平整度。而具身智能使机器人手臂能够精确地控制砖块的放置位置和角度，保证每一块砖都能按照设计要求砌好，而且其工作效率远高于人工。

建筑工人可以从一线施工人员转变为技术辅助人员。他们需要学习如何操作和编程这些机器人，同时负责对机器人的施工成果进行质量检验。此外，在一些机器人难以处理的复杂施工场景下，工人可以和机器人协同工作，发挥人类的经验和判断力优势。

12.2.2　具身智能时代的服务业

在商场导购行业中，商场导购员需要长时间站立在店铺内，向顾客介绍商品，并且需要花费大量时间去了解和记忆商品的各种信息。在客流量大的时候，还可能无法及时地服务每一位顾客。

具身智能和空间智能赋予了人形导购机器人新的能力。这些机器人可以通过空间智能感知商场内的布局和顾客的流动情况，主动移动到顾客流量大的区域。具身智能让它们能够以亲切自然的姿态和顾客交流。机器人内部存储了海量的商品信息，当与顾客交流时，能够快速准确地介绍商品的特点、功能和优惠信息。它们还可以通过面部识别等技术记住常客的喜好，从而提供个性化的推荐。

商场导购员不再仅仅局限于站在店铺内介绍商品，他们还可以更多地参与到商场的营销策划和客户关系管理中。例如，根据机器人收集的顾客数据，分析顾客的消费行为和偏好，制定更有针对性的营销策略。同时，他们还负责对导购机器人进行日常的维护和内容更新，确保机器人能够提供准确和最新的商品信息。

具身智能、空间智能与人形机器人技术正在对传统岗位产生深远的影响。这些技术不仅提高了工作效率和质量，还促使员工从体力劳动和简单的重复性工作中解脱出来，转向更具创造性和管理性的工作岗位。随着这些技术的不断发展和完善，未来将会有更多的传统岗位迎来转型和升级，整个社会的劳动生产力也将得到极大的提升。企业和员工都需要积极适应这种技术变革带来的工作模式转变，以充分利用新技术带来的优势，在新的工作环境中实现自身价值。

第13章 伦理与法律的新议题

13.1 AI与机器人的道德边界讨论

13.1.1 具身智能时代的伦理学挑战

随着人工智能（AI）和机器人技术的飞速发展，这些技术已经深入到我们生活的方方面面。AI系统和机器人在执行任务时，往往基于算法和预设的程序进行决策和行动。然而，算法本身是没有内在道德观念的。

从伦理学角度来看，道德通常涉及对行为的对错判断，以及对人类福祉、权利和公平等原则的考量。当AI和机器人开始在诸如医疗、交通、军事等关键领域发挥作用时，它们的行为可能会对人类产生重大影响，这就引发了关于它们道德边界的讨论。

自动驾驶汽车是AI在交通领域的典型应用。在一些假设情境中，如果自动驾驶汽车面临不可避免的事故场景，例如必须在撞向一群行人还是撞向路边的护栏（可能会导致车内乘客受伤）之间作出选择，它应该如何决策？这一问题凸显了AI在道德困境中的抉择难题。目前的算法可能基于某种概率或损失最小化原则来作出反应，但这种决策是否符合人类的道德观念则存在争议。

在医疗领域，手术机器人越来越普及。假设在手术过程中出现了意外情况，例如在资源有限的情况下，机器人需要决定优先治疗哪位患者，或者在手术并发症出现时，机器人如何权衡不同的治疗方案，这些情况涉及对生命价值和医疗公平的考量，而机器人本身并没有情感和道德判断力。

功利主义认为，道德的行为是能够为最大多数人带来最大幸福或利益的行为。在 AI 和机器人的道德考量中，这意味着它们的决策应该以总体利益最大化为目标。

例如在交通调度系统中，AI 可以通过分析交通流量数据，决定如何调整红绿灯时长来减少总体交通拥堵时间。从功利主义角度看，这种牺牲个别车辆短暂等待时间来换取整个交通系统顺畅的做法是符合道德的。然而，这可能会导致个别司机在某些情况下感到不公平。

义务论强调行为本身的对错，而不考虑其后果。在 AI 和机器人的应用中，这意味着某些行为无论其可能带来的结果如何，都应该遵循既定的道德原则。

在医疗机器人领域，根据义务论，机器人应该遵循"不伤害患者"的原则。即使在某些情况下，对一位患者进行实验性治疗可能会给未来的众多患者带来好处，但这种可能会伤害当前患者的行为是不被允许的。

契约论认为道德源于人们之间的社会契约，即人们为了共同利益而达成的规则。在 AI 和机器人道德中，这意味着它们的行为应该符合人类社会所制定的规则和协议。

在金融领域，AI 交易系统应该遵守金融市场的规则和监管要求。例如，不能利用算法漏洞进行不公平交易，因为这些规则是金融行业参与者共同达成的契约，AI 系统必须遵守契约才能保证金融秩序的稳定。

许多先进的 AI 算法，如深度神经网络，其决策过程往往是难以解释的。这使得我们很难确定在某个具体决策中，AI 是否遵循了合理的道德原则。例如在信用评估 AI 系统中，它可能拒绝了一位客户的贷款申请，但无法准确解释是基于哪些因素作出的决定，这就很难判断其道德合理性。

13.1.2　具身智能时代的伦理审查机制

AI 和机器人技术在不断发展，新的算法和应用场景不断涌现，这使得制定统一的道德标准变得困难，因为今天制定的标准可能明天就会因为技术进步而过时。例如，随着量子计算技术应用于 AI，其运算速度和决策模式可能会发生巨大变化，现有的道德考量框架可能不再适用。

不同的文化和社会群体对道德有不同的理解和不同的优先级选择。在西方文化中，个人主义可能更受重视，而在一些东方文化中，集体利益可能在道德考量中占有更重要的地位。例如，在设计养老机器人时，西方文化可能更强调尊重老年人的个人选择和隐私，而东方文化可能更注重机器人对老年人的关怀和家庭集体利益的维护。在全球范围内，由于文化和价值观的差异，很难制定出一套统一的 AI 和机器人道德标准。这在跨国企业和国际合作项目中表现得尤为明显。例如，一家在多个国家运营的 AI 驱动的社交媒体公司，在内容审核方面可能会面临各个国家不同道德标准的冲突，导致其运营困难。

研究人员正在致力于开发具有可解释性的 AI 算法。例如，在医疗诊断 AI 系统中，通过采用新的模型结构和技术，使系统不仅能给出诊断结果，还能解释其依据，如基于哪些症状和医学知识作出的判断，这样可以更容易对其道德决策进行评估。

可以将道德原则直接嵌入到 AI 和机器人的程序中。例如，在设计老年护理机器人时，将尊重老年人尊严和隐私等道德原则转化为具体的编程代码，如规定机器人在未经允许时不能进入老年人的私人空间等。

政府和国际组织可以制定相关的行业标准和法规来规范 AI 和机器人的行为。例如，欧盟的《通用数据保护条例》（GDPR）在一定程度上规范了 AI 系统在处理个人数据时的道德和法律责任。类似地，在机器人应用于军事领域时，国际社会可以制定条约来限制某些具有高杀伤性和低道德可控性的机器人武器的研发和使用。

在 AI 和机器人的研发和应用过程中，应建立伦理审查机制。例如，在医学研究机构，对于涉及 AI 辅助治疗和研究的项目，需要经过伦理委员会的审查。伦理委员会会从保护患者权益、公平性、风险收益比等多个道德角度对项目进行评估，确保项目符合道德规范。

AI 与机器人的道德边界问题是一个复杂且重要的议题。随着技术的不断发展，我们需要综合考虑技术、文化、政策等多方面因素来合理地确定和规范它们的道德边界，以确保这些技术能够造福人类社会。

13.1.3　具身智能时代如何应对伦理挑战

目前，许多先进的 AI 算法，如深度神经网络，其内部决策机制往往像一个"黑箱"，人们难以理解其如何得出的特定结果。可解释性 AI 旨在打开这个"黑箱"，让人们能够清楚地知道 AI 决策的依据。这对于道德决策至关重要，因为只有了解决策过程，才能判断其是否符合道德原则。

例如，在基于 AI 的信贷审批系统中，如果能够清楚地知道系统是基于申请人的收入稳定性、信用历史、负债情况等具体因素来作出审批决定，而不是一个来源模糊不清的结果，就能更好地评估其道德合理性。

一种方法是采用基于规则的系统与机器学习相结合。例如，在医疗诊断 AI 中，可以先建立一套基于医学专家知识的规则，如"如果患者有发热、咳嗽和呼吸困难症状，且肺部影像学显示特定特征，那么可能患有肺炎"。然后，机器学习算法在此基础上进行优化和学习。这样，当 AI 作出诊断时，它可以根据这些规则来解释诊断结果。

将道德原则和规范转化为算法逻辑，使 AI 和机器人在进行决策时能够遵循这些道德框架，这涉及对不同道德理论（如功利主义、义务论、契约论等）的算法实现。例如，在设计交通管理 AI 时，如果采用功利主义原则，算法框架可以设定为最大化交通流量的整体通行效率，同时尽量减少对个体车辆的负面影响。

对于机器人在灾难救援场景中的应用，可以设计一种基于义务论的算法，即规定机器人的首要任务是拯救生命，在资源有限的情况下，优先救助伤势最重的人员。例如，在地震救援中，救援机器人可以通过传感器检测废墟下人员的生命体征，然后按照伤势严重程度制定救援顺序。

麻省理工学院的研究人员在开发自动驾驶汽车的道德算法时，考虑了不同的道德场景。他们设计了一种算法，当面临不可避免的碰撞时，汽车会尽量选择碰撞对整体造成伤害最小的方案，这是将功利主义思想融入算法设计的一种尝试。

AI 与机器人的道德决策涉及多个学科领域，包括计算机科学、伦理学、心理学、社会学等。培养能够跨越这些学科的复合型专业人才，有助于综合考虑技术和道德因素设计出更符合道德规范的 AI 系统。

例如，在设计研发教育机器人时，专业人才需要了解儿童心理学，知道什么样的互动方式是符合道德和有利于儿童成长的，同时还要具备计算机编程能力来实现这些设计。许多高校已经开始设立跨学科专业或课程。例如，斯坦福大学开设了"人工智能伦理学"课程，该课程汇集了来自计算机科学、哲学、法律等多个专业的学生和教师。通过这种跨学科的学习和交流，学生能够掌握如何在 AI 系统设计中融入道德考量。

企业也在加强员工的跨学科培训。例如，IBM 在其员工培训中加入了伦理学课程，特别是针对参与 AI 研发和应用的员工，使他们在工作中能够更好地处理道德决策问题。

随着 AI 和机器人越来越广泛地融入社会，公众需要了解它们可能带来的道德问题，以便在使用和接受这些技术时作出合理的判断。公众的认知和反馈也能促使技术开发者更加重视道德决策问题。例如，在智能家居系统中，用户需要了解系统如何收集和使用个人数据，以及这些数据使用过程中的道德风险，这样用户才能更好地保护自己的隐私并对系统的使用作出合理决策。

可以通过多种媒体渠道对公众进行教育宣传。例如，制作关于AI道德的科普视频在社交媒体和电视上播放，向公众普及 AI 知识。一些非营利组织还会举办线下的讲座和工作坊。例如，在社区举办关于 AI 和机器人道德问题的工作坊，邀请专家向公众讲解诸如算法偏见、隐私保护等问题，并鼓励公众参与讨论。

13.1.4　具身智能时代的伦理审查实践

政府和国际组织应通过制定具有法律效力的道德标准和法规，为 AI 和机器人的研发、应用设定明确的道德底线。这些标准和法规能够约束企业和研发机构的行为，确保技术在符合道德规范的轨道上发展。例如，在个人数据保护方面，法规可以明确规定 AI 系统在收集、存储和使用个人数据时必须遵循的道德原则，如获得用户明确同意、确保数据安全等。

欧盟的《通用数据保护条例》（GDPR）是一个典型的例子，它对企业处理欧盟公民个人数据的行为进行了严格规范，包括数据的透明度、用户的控制权等方面，这在一定程度上保障了在 AI 应用中个人数据处理的道德性。

国际机器人联合会（IFR）也在尝试制定机器人应用的道德标准，特别是针对工业机器人和服务机器人在工作场所的应用，包括对工人安全、隐私保护等方面的规定。对于涉及重大影响的 AI 和机器人项目，建立专门的伦理审查机制可以在项目实施前评估其可能存在的道德风险，并在项目运行过程中进行监督和审查。例如，在医学 AI 项目中，伦理审查可以确保项目不会对患者的生命安全和隐私造成威胁，同时保证研究成果的应用符合道德规范。

在科研领域，许多机构都设立了伦理审查委员会。例如，中国的许多高校和科研院所在开展涉及人类受试者的 AI 研究（如利用 AI 辅助医疗诊断试验）时，都需要经过伦理审查委员会的审查。委员会会从研究目的、研究方法、受试者保护等多个方面进行评估，确保研究符合道德规范。

一些大型科技企业也在内部建立了类似的机制，如设立 AI 伦理委员会，对公司内部的 AI 研发项目进行审查，确保项目在设计、开发和应用过程中遵循公司制定的道德原则。解决 AI 与机器人在道德决策方面的困境需要从技术、教育和政策等多个层面入手，综合考虑各方因素，才能确保这些技术在造福人类的同时，符合道德规范和社会价值观。

13.2 使用规范的案例分析：隐私保护与责任归属

13.2.1 具身智能时代的隐私、安全问题

具身智能和人形机器人往往配备了大量的传感器，如视觉传感器（摄像头）、听觉传感器（麦克风）等，用于感知环境和与人类交互。这些传感器在

收集数据的过程中，可能会涉及到个人隐私信息。隐私保护理论强调个人对其自身信息的控制权，包括信息的收集、存储、使用和共享等环节都应当得到合理的保障，避免信息被不当获取或滥用。

许多家庭开始引入人形机器人来协助日常家务，例如清洁、照顾老人等。这类机器人通常配备摄像头来识别环境和主人的需求。然而，如果这些摄像头的数据存储和传输没有得到妥善处理，就可能引发隐私问题。

例如，某品牌家庭服务机器人被曝出存在安全漏洞，黑客可以通过网络入侵机器人的系统，获取其摄像头拍摄的家庭内部画面。这意味着家庭成员的日常活动，甚至一些私人生活场景都可能被泄露。从隐私保护理论来看，该机器人的制造商在设计和生产过程中没有充分考虑到数据安全问题，没有对摄像头采集的数据进行加密存储和安全传输，导致了用户的隐私受到侵犯。

解决这一问题的规范措施包括：制造商在设计阶段就采用先进的数据加密技术，确保机器人采集的数据在本地存储和网络传输过程中的安全性；同时，向用户明确告知机器人的数据收集范围和使用目的，并且提供用户可自主选择关闭摄像头等隐私敏感功能的选项。

在商业环境中，具身智能客服机器人越来越普及，它们通过语音交互和视觉识别来服务客户。在这个过程中，客户的声音、面部特征等信息可能会被收集。

比如，某商场内的具身智能客服机器人在与顾客交流时，会记录顾客的问题和面部表情等信息，用于分析顾客的满意度和消费偏好。然而，商场未经顾客同意就将这些数据用于商业营销，向顾客发送针对性的广告信息，这显然侵犯了顾客的隐私。

针对这种情况，使用规范应规定：商家在使用具身智能客服机器人收集客户信息前，必须获得客户的明确同意，并告知客户数据的具体用途；在数据处理过程中，要对客户的隐私信息进行匿名化处理，确保无法从处理后的数据中识别出特定客户；并且，商家只能在客户同意的范围内使用这些数据，不得随意扩大使用范围。

13.2.2　具身智能时代的责任归属问题

当具身智能和人形机器人在运行过程中出现问题，如造成人身伤害或财产损失时，需要明确责任归属。责任归属理论涉及多个方面，包括产品的生产者、使用者，以及机器人自身的智能决策系统等。一般来说，如果是产品设计缺陷导致的问题，生产者应当承担主要责任；如果是使用者操作不当，则使用者需要承担责任；而对于机器人自主决策导致的问题，由于其复杂性，往往需要综合考虑技术开发者、生产者和使用者等多方面的因素来确定责任。

在制造业工厂中，人形机器人被广泛用于生产线上的操作。然而，偶尔会发生机器人伤人的事故。例如，某汽车制造工厂的一名工人在与工业人形机器人协同工作时，被机器人的机械臂意外击中，导致受伤。经过调查发现，此次事故的发生是由于机器人的运动控制算法存在缺陷，在某些特定情况下会导致机械臂的动作出现偏差。

根据责任归属理论，这种情况下机器人的生产者应当承担主要责任。因为问题出在产品的技术设计方面，生产者在设计和研发机器人的运动控制算法时没有充分考虑到所有可能的工作场景，导致算法存在漏洞。为了避免这类事故的发生，在工业人形机器人的使用规范范围内，生产者应当进行严格的产品测试，确保机器人的算法和机械结构在各种工况下都能安全运行；同时，在机器人投入使用后，生产者还应当对产品进行持续的监测和维护，及时发现并解决可能出现的安全隐患。

具身智能安防机器人在一些小区和商业场所被用于巡逻和安全监控。然而，这类机器人在使用过程中也可能引发责任纠纷。例如，某小区的具身智能安防机器人在巡逻时，误将一位居民的宠物狗当作外来入侵动物，对其进行了驱逐操作，导致宠物狗受伤。在这种情况下，责任归属的认定较为复杂。

如果是因为机器人的视觉识别算法不准确，将宠物狗错误识别，那么机器人的开发者和生产者可能需要承担一定责任，因为他们的技术缺陷导致了问题的发生。但如果小区物业在使用安防机器人时没有对其进行正确的参数设置和管理，例如没有将居民的宠物信息录入机器人的识别系统，那么小区物业作为使用者也应当承担部分责任。

为了规范具身智能安防机器人的使用，避免此类纠纷，在使用前，使用者（如小区物业）应当对机器人进行充分的配置和调试，确保其能够准确识别小区内的人和物；开发者和生产者则应当不断优化机器人的识别算法，提高其准确性，并为使用者提供详细的操作指南和技术支持；此外，还应当制定明确的责任划分机制，在出现问题时能够快速准确地确定各方的责任。

具身智能和人形机器人在给人们带来便利的同时，隐私保护和责任归属问题也至关重要。通过深入分析相关案例，并依据隐私保护和责任归属的理论，制定和完善相应的使用规范，才能确保这些先进技术在安全、合法的轨道上发展，更好地服务于人类社会。

第14章 全球科技融合的竞技场

14.1 国际竞争格局的动态观察

14.1.1 具身智能时代的企业竞争

具身智能强调智能体通过身体与环境的交互来产生智能行为。从理论角度来看，它根植于认知科学和人工智能领域，认为智能并非单纯源于抽象的算法和符号处理，而是与智能体的物理形态、感官系统以及在环境中的行动紧密相连。

例如，一个具身智能机器人在抓取物体时，不仅仅依靠预先编程的算法来确定抓取位置和力度，还会通过其身体上的触觉传感器感知物体的形状、质地，通过视觉传感器判断物体的方位，并根据这些感知信息实时调整抓取动作。这一过程体现了具身智能中感知—行动循环的核心概念，即智能体不断从环境中获取反馈，进而优化自身行为。

空间智能涉及对空间信息的感知、理解、分析和操作能力。在不同学科领域，空间智能有不同的侧重点。在计算机科学中，空间智能可以帮助智能体构建对环境的认知地图，例如通过激光雷达和视觉传感器数据融合来确定自身在环境中的位置和周围物体的分布。

以自动驾驶汽车为例，它需要利用空间智能来识别道路的几何形状、其他车辆和行人的位置关系，进而规划安全的行驶路线。在心理学领域，人类的空间智能表现为对空间方向、距离和位置关系的直观判断能力，例如人们能够在熟悉的城市中轻松地找到目的地，这依赖于大脑中对城市空间布局的内在表征。

人形机器人是具身智能和空间智能的重要载体，它模仿人类的身体结构，具有类似人类的运动方式和操作能力。人形机器人的设计不仅涉及机械结构的研发，还需要集成多种传感器和先进的控制系统，以实现对环境的感知和灵活的动作执行。例如，日本的一些人形机器人能够像人类一样行走、抓取物品甚至进行简单的面部表情表达。这些机器人通过内置的姿态传感器感知自身的平衡状态，通过关节处的电机实现精确的动作控制，并且利用头部的视觉传感器来识别周围环境和交互对象。

李飞飞团队在计算机视觉和人工智能领域有深厚的研究基础，其工作对空间智能的发展起到了重要推动作用。在计算机视觉方面，李飞飞团队开展了大规模图像数据集（如 ImageNet）的创建工作，这些数据集为训练基于深度学习的空间智能算法提供了丰富的数据资源。通过对海量图像数据的学习，算法能够更好地识别图像中的物体及其空间位置关系，进而提升智能体对环境的感知能力。例如，在机器人导航场景中，利用基于 ImageNet 训练的视觉算法，机器人可以更准确地识别道路上的障碍物、标识牌等物体，并根据它们的空间位置作出合理的导航决策。

李飞飞团队的研究成果在学术界和工业界都产生了广泛的影响。在学术界，其数据集和相关算法成为众多研究人员的重要参考和研究起点，促进了计算机视觉和空间智能相关理论的快速发展。在工业界，许多科技公司借鉴李飞飞团队的方法来开发自己的智能产品。例如，一些智能家居系统中的监控摄像头采用了类似的图像识别技术，能够自动识别家庭成员和陌生人，根据他们的位置和行为提供相应的安全预警和服务。

具身智能、空间智能和人形机器人的发展涉及多个学科的融合，例如，机械工程、电子工程、计算机科学、神经科学和心理学等学科在这些领域相互交叉。在人形机器人的研发中，机械工程师负责设计机器人的物理结构，确保其能够实现灵活的运动；电子工程师则负责研发和集成传感器、控制器等电子元件，实现机器人对环境的感知和动作控制；计算机科学家负责开发算法，赋予机器人智能决策能力；神经科学和心理学研究为机器人的认知和交互设计提供理论依据，例如如何让机器人模仿人类的感知和学习机制。

14.1.2 具身智能时代的全球竞合

全球范围内的科技企业在这些领域既有合作又有竞争。一方面，企业通过合作来整合资源、加速技术研发。例如，在自动驾驶领域，汽车制造商和科技公司之间的合作日益频繁。汽车制造商拥有车辆制造和测试的资源和经验，而科技公司在人工智能算法、传感器技术等方面具有优势，两者合作可以更快地推出具有竞争力的自动驾驶产品。

另一方面，企业间也存在激烈的竞争。以人形机器人市场为例，日本、美国和中国的企业都在积极研发和推广自己的产品。日本企业在人形机器人的机械结构和精细化动作控制方面有深厚的技术积累；美国企业则在人工智能算法和软件系统方面具有优势；中国企业在低成本制造和快速市场推广方面表现突出；各方都在争夺全球市场份额。

美国在基础研究方面具有强大的实力，在人工智能、计算机科学等相关领域有众多顶尖高校和研究机构，如斯坦福大学、麻省理工学院等，这些机构不断产生前沿的理论研究成果，为具身智能和空间智能的发展奠定了坚实的理论基础。

在技术创新方面，美国的科技巨头如谷歌、英伟达等在人工智能算法研发、高性能计算硬件等方面处于世界领先地位。例如，英伟达的GPU（图形处理器）为深度学习模型的训练提供了强大的计算支持，加速了具身智能和空间智能相关算法的研发进程。

特朗普政府撤销了拜登时期的AI行政令（如2023年签署的生成式AI监管框架），转向以"最小化监管"推动技术发展，强调透明性和合法性原则，优先支持工业界与学术界突破，以强化美国在全球AI领域的领导地位。

美国正在启动的"星际之门"计划，计划投资5000亿美元建设AI基础设施（如算力中心、创新基地），目标是四年内提升美国AI技术生态竞争力，预计创造10万个就业岗位，吸引了OpenAI等巨头参与。

特朗普政府延续并加强了拜登时代的 AI 芯片出口限制，扩大了对华半导体、先进算法等领域的封锁，以阻止中国获取尖端 AI 技术，同时通过任命对华强硬派官员强化科技地缘博弈。

日本在机器人技术领域有悠久的历史和深厚的技术沉淀，尤其是在人形机器人的机械设计和制造方面表现突出。日本的人形机器人在外观和动作的逼真度上具有很高的水平，这得益于其精密的机械制造技术和对人体运动学的深入研究。

日本的制造业发达，为机器人技术的应用提供了广阔的市场。例如，在工业生产领域，日本大量应用机器人进行生产操作，积累了丰富的机器人应用和管理经验，这些经验可以为人形机器人和具身智能在其他领域的应用提供借鉴。日本企业注重技术的传承和持续改进，通过不断优化机器人的机械结构和控制系统来提升产品性能。例如，本田公司的 ASIMO 人形机器人经过多年的研发和改进，在行走速度、稳定性和动作灵活性等方面都有了显著提高。

日本政府积极推动机器人技术的普及和应用，通过制定产业政策和提供资金支持，促进机器人技术在医疗、养老等社会服务领域的应用，拓展机器人技术的市场空间。

中国在人工智能和机器人技术应用方面呈现出快速崛起的态势。中国庞大的人口基数和丰富的应用场景为技术的发展提供了广阔的试验田。例如，在电商物流领域，中国大量应用仓储机器人和物流机器人来提高物流效率，通过实际应用不断优化机器人的性能。

在技术研发方面，中国的科研投入不断增加，在人工智能算法、机器人控制等一些关键技术领域取得了重要突破。例如，中国的一些高校和科研机构在强化学习算法在机器人控制中的应用研究方面取得了与国际水平相当的成果。

中国的制造业优势为机器人产业的发展提供了强大的支撑。中国能够快速、低成本地生产出高质量的机器人产品，并且在产业链配套方面具有明显优势，能够满足国内外市场的需求。随着中国经济的转型升级，对高端制造业和智能服务产业的需求日益增加，这为具身智能、空间智能和人形机器人的发展提供了巨大的市场机遇。例如，在智能养老领域，中国人口老龄化加剧，对能够提供护理和陪伴服务的人形机器人有潜在的巨大需求。

中国政府提出的创新驱动发展战略，为相关技术的研发和产业发展提供了政策支持和引导，有助于中国在全球科技竞争中占据有利地位。

一些国家和地区，如韩国、以色列和欧洲部分国家，也在具身智能、空间智能和人形机器人领域积极追赶。韩国在电子和半导体技术方面具有优势，这为其发展智能机器人提供了良好的技术基础。韩国企业正在积极研发用于家庭服务和教育的机器人产品，试图在细分市场占据一席之地。

以色列在军事技术和创新能力方面表现突出，其研发的一些机器人技术在军事侦察和边境安防等领域已得到应用，并正在逐渐向民用领域拓展。

欧洲部分国家，如德国在"工业 4.0"战略的推动下，注重将机器人技术与制造业深度融合，发展具有高度智能化和自动化的生产系统，在工业机器人和协作机器人领域具有较强的竞争力。具身智能、空间智能和人形机器人领域是全球科技竞争的焦点，各国和地区凭借自身的优势和战略布局在这一竞技场上展开了角逐。随着技术的不断发展和融合，国际竞争格局将持续动态变化，未来在这些领域有望涌现出更多创新成果和应用场景。

随着中美技术竞速的白热化，美国通过政策松绑与资本倾斜，加速具身智能在工业机器人、人形机械等场景的落地，例如特斯拉 Optimus 与 MagicHand S01 等产品的迭代。

中国在 2025 年全国两会上首次将"具身智能"纳入未来产业培育目标，将推动智能机器人、智能制造装备与数字技术深度融合，通过政策驱动产业链快速延伸。

在供应链与技术标准争夺战中，美国强化了 AI 芯片、传感器等核心部件本土化生产，限制中国获取关键元器件；中国则加大了自研力度（如华为昇腾芯片、魔法原子自研部件）以突破封锁。

在标准制定权方面，中美两国正在争夺具身智能的全球技术标准主导权，例如美国推动 AI 伦理框架的制定，中国则侧重于工业场景应用规范。

特朗普政府的政策导向（松监管、重基建、强封锁）重塑了全球具身智能竞争格局，推动中美进入"技术—产业—地缘"多维博弈阶段。未来，具身智能将围绕技术自主化、场景普惠化、标准全球化三大主线发展，其发展水平将成为大国综合实力的核心指标。

14.2 政策支持与产业推动的全球比较分析

14.2.1 美国、日本等国在具身智能领域的相关政策

美国政府通过多个机构对具身智能、空间智能和人形机器人相关研究进行资助。例如，美国国家科学基金会（NSF）设立了众多相关项目，资助高校和科研机构开展基础研究。DARPA（国防部高级研究计划局）则从军事需求出发，对具有前瞻性的机器人技术进行研发支持，很多先进的机器人技术最初都源于DARPA的项目，这些项目往往会产生技术外溢效应，推动民用机器人产业的发展。

美国制定了一系列知识产权保护政策，保障企业和科研机构在研发创新过程中的权益。例如，在人工智能算法和机器人设计方面，严格的专利保护制度鼓励了企业和科研人员进行创新，因为他们能够从自己的创新成果中获得经济回报。同时，美国也有相关的技术出口管制政策，对于一些高端的机器人技术和相关智能算法，限制其向特定国家出口，以保持技术优势。

美国有许多科技巨头在相关领域处于领先地位。例如，波士顿动力公司在人形机器人和先进运动控制技术方面取得了显著成果。其研发的Atlas人形机器人具有高度的灵活性和动态平衡能力，能够完成后空翻等高难度动作，这背后是其在机器人动力学和控制算法方面的创新。谷歌在人工智能领域的强大实力也为具身智能和空间智能的发展提供了技术支撑，通过收购和自主研发，不断探索如何将先进的人工智能算法应用于机器人领域。

美国高校、科研机构与企业之间形成了良好的产学研合作生态。以斯坦福大学为例，李飞飞团队在计算机视觉和空间智能方面的研究成果为相关产业提供了理论基础和技术支持。李飞飞团队创建的ImageNet数据集，极大地

推动了计算机视觉领域的发展，为图像识别技术在机器人导航、物体识别等方面的应用奠定了基础。企业与高校合作，一方面可以将高校的科研成果快速转化为实际产品；另一方面高校也能从企业获得资金支持和实践反馈，进一步深化研究。

日本政府制定了长期的机器人发展战略，例如"机器人新战略"，将机器人产业作为国家经济发展的重要支柱之一。该战略旨在推动机器人在制造业、医疗、护理、农业等多个领域的应用，通过制定产业发展路线图，明确各个阶段的目标和重点发展方向，引导企业和科研机构进行研发和投资。

日本政府为机器人相关企业提供资金扶持和税收优惠政策。对于研发新型人形机器人或具身智能应用的企业，政府给予研发补贴，降低企业的研发成本。同时，对符合产业政策方向的机器人企业实行税收减免，例如减少企业所得税和设备采购税等，鼓励企业扩大生产和技术升级。

日本强大的制造业基础为人形机器人产业发展提供了有力支撑。在机械制造方面，日本企业能够生产出高精度、高可靠性的机器人零部件，如电机、减速器和传感器等。例如，发那科公司是全球著名的工业机器人制造商，其生产的机器人以高精度和高稳定性著称，广泛应用于汽车制造、电子加工等领域。这种制造业优势使得日本在人形机器人的硬件制造方面具有很强的竞争力。

日本在机器人应用方面注重拓展特色领域。在人口老龄化的社会背景下，日本积极推动护理机器人和服务机器人的研发和应用。

例如，PARO是一款治疗型机器人海豹，它通过对人类互动行为的模拟，用于陪伴老年人和心理治疗，在养老院和医疗机构得到了广泛应用。这种针对社会需求开发特色机器人产品的策略，促进了日本机器人产业的多元化发展。

14.2.2 中国、欧盟在具身智能领域的相关政策

中国政府出台了一系列国家战略规划来推动相关产业发展。"十四五"规划强调了人工智能、机器人等新兴技术在各个产业中的应用和创新发展。

中国政府通过产业政策对机器人企业进行扶持，包括设立专项产业基金，对符合条件的机器人研发和生产项目进行投资。例如，一些地方政府对新建的机器人产业园区给予土地优惠政策，吸引机器人企业入驻。同时，政府对机器人企业的技术创新给予奖励，鼓励企业加大研发投入，提高产品质量和技术水平。

中国庞大的人口基数和多样化的产业需求为机器人产业提供了丰富的应用场景。在电商物流领域，为了应对海量的订单处理需求，物流机器人得到了广泛应用。

例如，菜鸟网络和京东等企业大量采用 AGV（自动导引车）机器人进行仓库货物的搬运和分拣，这些物流机器人的应用在提高物流效率的同时，也促使企业和相关技术研发机构不断优化机器人的导航、调度和抓取等技术，推动了具身智能在物流场景下的发展。

中国本土机器人企业在政策支持和市场需求的推动下迅速崛起。例如，优必选是中国知名的人形机器人企业，其研发的 Walker 人形机器人在人机交互、运动控制等方面取得了一定的进展。同时，在工业机器人领域，埃斯顿通过自主研发和并购，不断扩大市场份额，其生产的工业机器人广泛应用于国内的制造业企业，成为中国机器人产业的重要力量。

欧盟制定了一系列协同政策来推动机器人产业发展。例如，通过"地平线 2020"计划，欧盟对跨成员国的机器人研发项目进行资助，鼓励成员国之间的科研机构和企业开展合作。这种协同政策有助于整合欧洲各国的科研资源和产业优势，避免重复研发，提高研发效率。

各成员国也根据自身的产业特点制定了相关政策。德国在"工业 4.0"战略下，重点推动工业机器人和智能制造的发展，通过对制造业企业进行智能化改造补贴，促进工业机器人的应用。

欧盟在工业机器人领域具有深厚的技术积累和产业优势。德国的库卡、瑞士的 ABB 等都是全球知名的工业机器人制造商。这些企业在汽车、机械制造等行业拥有广泛的客户基础，其生产的工业机器人以高精度、高负载和高可靠性著称。例如，库卡机器人在汽车焊接和装配生产线中发挥了重要作用，其先进的编程和控制技术能够实现复杂的生产操作，保证产品质量和生产效率。

欧盟正在不断拓展机器人应用的特色领域。在医疗机器人方面，意大利、瑞典等国的科研机构和企业积极研发手术机器人和康复机器人。例如，瑞典的一些企业研发的康复机器人能够辅助患者进行肢体康复训练，通过精确的运动控制和力反馈技术，提高康复效果，这种在特色领域的创新为欧洲机器人产业的发展开辟了新的方向。

第15章 面向未来的挑战与机遇

15.1 技术瓶颈的突破故事：从实验室到市场

15.1.1 具身智能发展的主要问题

具身智能理论强调智能体通过身体与环境的交互来实现智能行为。在早期发展阶段，具身智能面临着诸多技术瓶颈。

一方面，从硬件角度来看，如何构建能够像生物一样灵活感知和运动的物理载体是一大挑战。早期的机器人在身体结构设计上往往较为笨拙，例如机械关节的灵活性和自由度有限，难以实现复杂的动作。这就如同一个有着僵硬四肢的机器人，无法像人类或动物那样流畅地抓取物品或在复杂地形上行走。

另一方面，在软件算法层面，如何让智能体通过与环境的交互自主学习并产生适应性行为也是一个难题。传统的编程方法很难模拟生物在自然环境中通过不断试错和学习来发展智能的过程。例如，在让机器人自主学习如何在一个未知环境中寻找目标时，预先设定的固定算法往往无法应对环境中的各种变化。

随着新型材料如形状记忆合金和柔性电子材料的出现，机器人的身体结构得到了极大的改善。形状记忆合金可以使机器人的关节在受到外力变形后恢复到原来的形状，大大提高了关节的灵活性和耐用性。在一些小型探索机器人中，利用柔性电子材料制作的外壳可以让机器人更好地适应狭窄和不规则的空间，例如蛇形机器人在管道检测中能够利用自身的柔性身体自由穿梭。

具身智能的发展离不开高精度的传感器。例如，触觉传感器的进步使得机器人能够更精准地感知接触物体的压力、纹理等信息。在工业装配领域，带有高精度触觉传感器的机器人可以像人类一样通过触觉感知来精确地抓取和组装微小的零部件，提高了生产效率和产品质量。强化学习为具身智能体的自主学习提供了有效的解决方案。通过让智能体在环境中不断地进行试验，并根据获得的奖励反馈来调整自己的行为策略，可以实现令其从与环境的交互中学习的过程。例如，在机器人足球比赛中，机器人通过强化学习算法，不断尝试不同的移动和踢球策略，根据比赛结果（如进球得分获得高奖励，失球则获得低奖励）来优化自己的行为，逐渐学会如何在复杂的比赛环境中取得胜利。

受生物神经系统启发的神经形态计算开始应用于具身智能。这种计算方式模拟生物神经元的工作原理，能够让智能体更高效地处理感知和决策信息。例如，在一些自主导航机器人中，神经形态芯片可以快速处理视觉和位置传感器传来的数据，实时作出路径规划和避障决策。

15.1.2　具身智能的革命性潜力

机器人技术的最新进展在多个领域展现出了革命性的潜力，特别是在实时规划和自主决策方面。以下是结合空间智能对机器人发展最新进展的阐述以及应用前景的分析。

加州理工学院的研究团队在 *Science Robotics* 上发表的"谱展开树搜索"（SETS）算法，标志着机器人实时规划领域的一大突破。SETS 算法通过结合连续动力系统与离散决策树搜索，使得机器人能够在复杂环境中自主规划动作，不再依赖预先设计的程序。这种算法利用局部线性化系统的谱特征，构建了一个低复杂度的离散表示来近似连续世界，从而实现指数级的规模压缩。

在无人机领域，SETS 算法的应用前景尤为显著。研究人员让四旋翼无人机在布满风场和移动障碍物的 3D 环境中完成多目标监控任务。无人机需要在 12 维状态空间中实时生成可行轨迹，SETS 算法每 5 秒规划一次未来 10 秒的轨迹，成功访问所有目标点，同时巧妙地利用或规避不同强度的气流。

在人机协同模式下履带式车辆穿越复杂地形的实验中，SETS 算法展现了其在保持车辆安全的同时，尽可能跟随驾驶员的速度和方向指令的能力。尤其在执行器性能衰减的情况下，SETS 算法能够高效地理解和适应这种性能变化，避免安全事故的发生。

SETS 算法在航天器任务中的应用同样引人注目。在失重环境下，多个航天器需要通过协同控制一张网来捕获并重定向一个不合作目标。SETS 算法能够自动发现最优的协同策略，同时考虑每个航天器的动力学约束和整体任务目标，提高了任务成功率，并最大限度地减少了推进剂消耗。

SETS 算法不仅处理复杂的动力学约束，还能实时适应环境变化，为未来机器人的通用自主控制提供了可能性。这种基于动力学本质的规划方法，可能会推动机器人技术在探索、运输等领域的进一步发展。

15.1.3 具身智能、空间智能的重点发展方向

随着人工智能技术的不断进步，机器人技术的应用在医疗、制造、物流等多个行业中展现出了巨大的潜力。例如，在医疗领域，智能机器人可以辅助医生进行手术，提高成功率；在制造业，人工智能驱动的机器人则能优化生产流程，实现无人化生产。此外，脑启发导航技术的发展，借鉴了神经科学的原理，使得机器人能够在复杂的地形中以更高的精度和适应性进行导航，这种技术在灾难响应或外星探测等场景中尤为重要。

在实验室取得技术突破后，具身智能技术开始应用于家庭服务机器人。

例如，iRobot 公司的 Roomba 扫地机器人就是具身智能在家庭场景中的成功应用。它通过底部的多个传感器感知房间的布局和障碍物，利用内置的算法规划清扫路线。其轮子和刷子的机械结构设计能够适应不同的地面材质，从光滑的地板到地毯都能有效清扫，实现了从实验室的环境感知和运动控制技术到家庭市场的转化。

在工业领域，协作机器人是具身智能的重要应用方向。例如，Universal Robots 公司的 UR 系列协作机器人，能够与人类工人在生产线上紧密合作。这些机器人利用高精度的力传感器和先进的控制算法，在接触到人类时能够自动调整力度和动作，避免对人类造成伤害。这种安全且高效的协作机器人是基于实验室对人机交互和力控制技术的研究成果开发而来，成功地进入了工业生产市场。

空间智能涉及对空间信息的感知、理解、分析和操作能力。在早期，空间智能面临着一些技术局限。在空间感知方面，早期获取空间信息的手段较为单一和准确度低。例如，传统的定位技术在室内环境中存在较大的误差，无法为智能体提供精确的位置信息。在空间分析和处理上，当时的算法难以处理复杂的空间数据，特别是在处理动态变化的环境时，无法及时准确地更新空间知识。

以早期的室内导航系统为例，由于缺乏精确的空间感知技术和有效的空间分析算法，这些导航系统往往只能提供大致的路线指引，在复杂的室内环境如大型商场或医院中，用户很容易迷失方向。

通过融合激光雷达、摄像头、惯性测量单元等多种传感器的数据，可以获得更全面和精确的空间信息。例如，在无人驾驶汽车中，激光雷达可以精确地测量车辆与周围物体的距离，摄像头可以识别道路标志和交通信号灯，惯性测量单元则可以提供车辆的姿态和运动状态信息。通过将这些传感器的数据进行融合，无人驾驶汽车能够构建出准确的周围环境模型，实现安全的自动驾驶。

随着超宽带（UWB）、蓝牙低功耗（BLE）等技术的发展，高精度室内定位成为可能，这些技术可以将定位精度提高到厘米级甚至更高。例如，在大型仓库中，基于 UWB 技术的定位系统可以帮助工作人员和自动导引车（AGV）精确地确定位置，实现高效的货物存储和搬运。

深度学习算法能够自动从大量的空间数据中提取特征和模式，大大提高了空间分析的能力。例如，在卫星遥感图像分析中，利用卷积神经网络（CNN）可以对地球表面的土地利用类型、植被覆盖情况等进行准确的分类和识别。这种基于深度学习的空间分析技术在城市规划、农业监测等领域有着广泛的应用。

随着物联网和云计算技术的发展，空间数据能够实现实时的更新和处理。例如，在智能城市交通管理中，通过安装在道路上的传感器和摄像头实时采集交通流量和路况信息，利用云计算平台进行快速的数据处理和分析，交通管理系统可以及时调整交通信号和发布路况预警，实现对城市交通空间的动态管理。

在智能建筑领域，空间智能技术也得到了广泛应用。

例如，霍尼韦尔公司的智能建筑管理系统利用空间智能技术，通过在建筑内布置的传感器网络获取温度、湿度、光照等空间信息，结合先进的数据分析算法，对建筑内的空调、照明等设备进行智能控制。该系统能够根据人员的分布和活动情况，自动调整各个区域的环境参数，实现能源的优化利用，这是空间智能从实验室研究走向建筑市场应用的成功案例。

在 GIS 行业，空间智能技术的突破推动了行业的快速发展。例如，Esri公司的 ArcGIS 软件平台集成了先进的空间数据处理和分析功能。它利用空间智能相关技术，能够对海量的地理空间数据进行高效的存储、管理、分析和可视化展示。从城市规划到自然资源管理，ArcGIS 在众多领域得到了广泛应用，将空间智能从学术研究转化为实际的商业价值。

15.1.4　空间智能的发展趋势

李飞飞团队在计算机视觉领域作出了杰出贡献，而计算机视觉是空间智能的重要组成部分。团队创建的 ImageNet 数据集是推动计算机视觉发展的关键资源。ImageNet 包含了数以百万计的带有标注的图像，涵盖了各种各样的物体类别。这个数据集为研究人员训练和测试图像识别算法提供了丰富的数据基础。例如，通过在 ImageNet 上进行训练，深度学习算法能够学习到不同物体的视觉特征，进而在物体识别、图像分类等任务中取得了突破性的进展。

许多科技企业都受益于李飞飞团队的研究成果。例如，谷歌、微软等公司在研发图像识别相关产品时，都借鉴了基于 ImageNet 训练的算法架构。谷歌的图片搜索服务能够快速准确地识别用户上传图片中的内容，很大程度上得益于在大规模图像数据集上训练的模型。这种从实验室数据集到企业产品应用的转化，极大地提升了互联网服务中的图像搜索和内容推荐的准确性。

在新兴的自动驾驶领域，李飞飞团队的研究成果也起到了重要作用。自动驾驶汽车需要准确地识别道路上的物体，如车辆、行人、交通标志等。基于 ImageNet 等数据集训练和优化的图像识别模型，为自动驾驶汽车的视觉感知系统提供了重要的技术支撑。例如，特斯拉等公司在研发自动驾驶技术时，会参考和借鉴相关的图像识别算法架构，并在此基础上进行改进和优化，以适应自动驾驶场景下的复杂环境。

人形机器人在发展初期面临着巨大的技术挑战。在机械结构方面，要模仿人类的身体结构并实现灵活的运动是非常困难的。例如，人形机器人的腿部需要模拟人类的行走步态，但早期的设计往往无法实现稳定的双足行走，机器人在行走时容易失去平衡摔倒。在智能控制方面，人形机器人需要处理大量的感知信息，并作出准确的动作决策，而早期的控制系统在处理这些复杂信息时效率低下，导致机器人的动作反应迟缓且不自然。例如，在与人形机器人进行简单的对话和互动时，机器人可能会因为无法及时处理语音和视觉信息而出现回应延迟或错误的情况。

通过对人类和动物的运动机理进行深入研究，人形机器人的机械结构设计已经变得更加仿生。例如，采用类似人类肌肉工作原理的人工肌肉材料或先进的液压、电动驱动系统，提高了机器人关节的动力输出和灵活性。波士顿动力公司的 Atlas 人形机器人在运动控制方面取得了显著突破，它利用先进的液压驱动系统和精密的运动控制算法，能够实现流畅的跑步、跳跃和后空翻等复杂动作，展示了人形机器人在机械结构和运动控制方面的技术进步。

人形机器人的交互技术已经从单一的语音或视觉交互发展到多模态交互。结合语音识别、自然语言处理、面部表情识别和手势识别等技术，人形机器人能够更自然地与人类进行交流和互动。

例如，软银的 Pepper 人形机器人可以通过识别用户的语音指令、面部表情和手势，做出相应的回应和动作，为用户提供个性化的服务和体验。

15.1.5　情感计算推动人形机器人发展

随着情感计算技术的发展，人形机器人开始具备一定的情感感知和表达能力。通过分析人类的语音语调、面部表情等情感线索，机器人可以调整自己的交互方式。例如，在教育和陪伴场景中，具有情感计算能力的人形机器人可以根据孩子的情绪状态，采用不同的教育方式或陪伴策略，使互动更加人性化。

在服务行业，人形机器人已经开始崭露头角。

例如，在酒店行业，云迹科技的服务机器人可以在酒店内自主导航，为客人提供送物、引领带路等服务。这些机器人利用在实验室研发的自主导航和避障技术，结合简单的人机交互功能，成功地进入酒店服务市场，提高了酒店的服务效率和智能化水平。

在教育和娱乐领域，人形机器人也有广泛应用。例如，优必选的 Alpha 系列人形机器人通过编程和表演功能，在教育机构和家庭中用于儿童编程教育和娱乐表演。它将实验室中的机器人运动控制和编程技术转化为有趣的教育和娱乐产品，激发了儿童对科技和编程的兴趣。

具身智能、空间智能和人形机器人领域在不断突破技术瓶颈的过程中，实现了从实验室研究到市场应用的转化，并且在各个应用领域展现出了巨大的潜力，未来还将继续推动相关技术的发展和创新。

15.2　创新与创业的机遇地图：AI与机器人领域的新风口

15.2.1　人形机器人产业化的商业机会

人形机器人的发展经历了多个重要节点——从概念的萌芽到技术的逐步成熟，再到未来可能出现的产业化拐点。15 世纪，达·芬奇绘制出世界上第一份人形机器人手稿，这标志着人形机器人概念的最早起源。1973 年，日本早稻田大学研发出世界第一款人形机器人 WABOT-1，这是人形机器人技术的重要起点。

2023 年，特斯拉 Optimus 引发了对人形机器人产业化、商业化的探索，标志着人形机器人产业从概念阶段进入产业化落地前期。国内以应用突破方向为主，随着人工智能、高端制造、新材料等技术的积累与突破，国内人形机器人进入集中爆发期，大批厂商推出自家人形机器人产品并尝试应用于服务、汽车等场景，逐步探索商业化落地。

未来可能出现的拐点，主要是政策支持下的市场发展，在国家层面，以工信部为主导对人形机器人产业发展明确了市场发展的战略目标：2025 年整机产品实现批量生产，2027 年产业加速规模化发展，深度融入实体经济，推动人形机器人产品规模化落地。

从产业链的构建与完善角度，人形机器人产业链主要由上游零部件、中游人形机器人本体及下游终端应用等环节组成。随着创新体系的逐步建立和关键技术的持续突破，我国将有望逐步形成高效可靠的人形机器人产业链、供应链体系。

在上游核心零部件方面，包括减速器、电机、丝杠、控制器、传感器等硬件部分，以及软件系统部分的突破，将为人形机器人的中枢与大脑提供支持，掌控发展方向和发展节奏。预计 2028 年人形机器人将有望实现制造业场景应用的突破，小批量应用于电子、汽车等生产制造环境。此外，人形机器人的应用场景将不断拓展，从特种、制造场景延伸到家庭服务、教育、医疗护理等民用领域。人形机器人作为"具身智能"的最佳载体，有望成为继计算机、智能手机、新能源汽车后的又一颠覆性产品。

具身智能强调智能体通过身体与环境的交互来产生智能行为。其核心理论源于认知科学和人工智能的交叉，认为智能不仅仅是算法和数据处理，还与物理载体和环境紧密相关。

具身智能作为人工智能领域的一个重要分支，近年来在全球范围内加速发展，尤其在中国，这一领域的发展尤为迅猛。具身智能领域的投资热点

之一是技术创新与实际应用场景的紧密结合。例如，银河通用公司推出的
Galbot G1 机器人，不仅在技术上实现了高稳定性和运动效率，而且在商业、
工业、家庭等场景中展现出广泛的应用潜力。

高质量的数据集成为具身智能领域的核心壁垒。企业通过物理仿真合成
大规模高质量数据，积累数千万级的场景数据和数十亿级的动作数据，为具
身智能的发展提供了坚实的基础。同时，具身智能领域的企业需要在空间智
能、动作智能和硬件智能等方面进行全栈布局。随着技术的成熟，人形机器
人的商业化应用成为投资的重要方向。银河通用公司在这些方面进行了深入
探索，并与合作伙伴共同打造了全球首个人形机器人智慧药房解决方案，实
现了 24 小时无人值守。

15.2.2　具身智能的投资热点和方向

在工业领域，具身智能技术的应用可以提高生产效率和灵活性。Galbot
在工厂、车厂的应用中，可以执行天窗转运、拆跺、料箱转运等工作，展示
了其在工业自动化和智能制造中的潜力。

服务机器人的普及也是具身智能领域的一个投资方向。随着技术的成熟
和成本的降低，服务机器人有望在家庭、医疗、教育等多个领域得到广泛
应用。

比如，银河通用的 Galbot G1 机器人是具身智能领域的一个典型例子。
它不仅在技术上实现了突破，而且在多个场景中展现出应用潜力，如清理桌
面、货架取货、货架补货、抱箱子等。又如，北京具身智能机器人创新中心
的升级，标志着国家对具身智能领域的重视和支持。该中心的"天工"系列
机器人，如"天工 1.0 LITE""天工 1.1 PRO"和"天工 1.2 MAX"，展示了
在拟人奔跑、全身协同控制等方面的领先地位。华为全球具身智能产业创新
中心的成立，显示了华为在具身智能领域的布局。该中心与多家企业签署了
合作备忘录，致力于推动具身智能技术的国际前沿发展。

因此，具身智能领域的投资热点和方向主要集中在技术创新与应用场景
的结合、数据集的构建与利用、全栈技术布局等方面。随着技术的不断进步

和应用场景的拓展，这一领域有望在未来几年内实现更多的突破和商业化应用。

从技术发展趋势来看，具身智能正朝着更加灵活、自适应和高效的方向发展。例如，在机器人学领域，传统机器人依赖预设程序进行操作，而具身智能机器人能够根据环境变化实时调整自身行为。这得益于先进的传感器技术，如高精度的触觉传感器、视觉传感器等，它们可以让机器人像生物一样感知周围环境的细微变化。同时，控制算法也在不断进化，从简单的基于规则的控制向基于深度学习和强化学习的自适应控制转变。

在新型传感器研发方面，开发具有更高灵敏度和分辨率的触觉传感器是一个重要方向。例如，研发能够感知微观纹理和微弱压力变化的触觉传感器，可应用于精密制造业，如电子芯片装配。在医疗领域，这种传感器可以用于手术机器人，使机器人能够精确地感知手术部位的组织特性，从而提高手术的精准度和安全性。

利用柔性电子材料和仿生材料来设计机器人的身体结构是具身智能硬件创新的热点。例如，借鉴生物肌肉的工作原理，人们研发出了能够模拟肌肉收缩和舒张的人工肌肉材料。这种材料可用于制造具有高度灵活性和力量控制能力的机器人肢体，适用于物流搬运、康复辅助等场景。

基于强化学习和进化算法的自适应控制算法具有广阔的创新空间。例如，在无人机群控制中，通过设计自适应的飞行控制算法，使无人机群能够根据复杂的气象条件和任务需求实时调整飞行姿态和编队形式，提高任务执行效率和安全性。

构建类似于生物大脑认知架构的软件系统是具身智能软件创新的关键。例如，开发能够模拟人类注意力机制和决策过程的认知架构，将其应用于智能安防系统。这种系统能够在海量视频数据中快速聚焦于关键事件，并作出准确的决策。

15.2.3　具身智能方向的创业机遇

创业机遇方面，面向特定行业的具身智能解决方案提供商还是大有作为的。比如，创建专门为农业生产服务的具身智能机器人公司，研发能够在果园中自主行走、识别果实成熟度并进行精准采摘的机器人。这种机器人通过集成先进的视觉传感器和机械臂控制技术，解决农业劳动力短缺和采摘效率低下的问题，为农业现代化提供创新解决方案。

在物流行业，可以成立专注于物流仓库自动化的具身智能企业。例如，设计和生产能够在仓库中高效搬运货物、自动规划搬运路线并与其他物流设备协同工作的 AGV（自动导引车）机器人，通过应用具身智能技术，提高物流仓库的运营效率，降低人力成本。

具身智能技术平台服务商，通过搭建基于云计算的具身智能开发平台，可以为不同行业的企业和开发者提供机器人控制算法、传感器数据处理等技术服务。例如，一个具身智能云平台可以让中小企业在无须深入了解底层硬件和复杂算法的情况下，快速开发和部署适合自身需求的具身智能应用，如小型制造业企业可以利用该平台开发车间内的物料搬运机器人。

在空间智能领域，可以研发基于新型无线通信技术（如超宽带-UWB）的高精度室内定位系统。例如，在大型商场、医院、机场等场所，这种定位系统可以为用户提供精确到厘米级的室内导航服务，帮助用户快速找到店铺、科室或登机口等目标位置。同时，该技术还可以应用于室内资产管理，实现对贵重设备和物资的精准定位和管理。

其他创业机遇还包括三维空间重建技术，这项技术利用激光扫描和计算机视觉技术，开发更高效、更准确的三维空间重建算法。例如，在建筑行业，这种技术可以对建筑物进行快速的三维建模，用于建筑设计、施工进度监测和建筑遗产保护等方面。在虚拟现实（VR）和增强现实（AR）领域，高精度的三维空间重建技术可以为用户带来更加逼真的虚拟环境体验。

在空间信息处理和分析技术创新方面，基于深度学习的空间数据分析，专注于深入研究基于深度学习的空间数据挖掘和分析算法。例如，在城市规划中，通过对卫星遥感图像和地理信息数据进行深度学习分析，可以准确地识别城市中的土地利用类型、建筑物密度、绿地分布等信息，为城市的合理规划和资源配置提供科学依据。

还有实时空间数据处理平台，可以构建能够实时处理海量空间数据的云计算平台。例如，在智能交通系统中，通过对道路上的车辆位置、速度等空间数据进行实时采集和处理，交通管理部门可以及时调整交通信号、发布路况预警信息，缓解交通拥堵，提高道路通行能力。

在空间智能领域，创立相应的应用开发公司，会有比较好的商业机会。比如，可以在智慧旅游领域成立专注于智慧旅游的空间智能应用开发公司。具体业务例如，开发基于位置服务（LBS）和空间数据分析的旅游 App，该 App 可以根据游客的位置和偏好，为游客推荐个性化的旅游路线、景点和当地美食等信息。同时，还可以通过对景区游客流量的实时监测和空间分析，为景区管理部门提供运营决策支持，如合理安排景区内的人员疏导和资源配置。

在应急救援领域，可以创立专门为应急救援服务的空间智能企业。例如，研发在自然灾害（如地震、洪水）发生时能够快速获取灾区地理空间信息的系统。该系统通过卫星遥感、无人机航拍等手段获取灾区的地形地貌、道路损坏情况、人员分布等空间数据，然后利用空间分析技术为救援队伍规划最佳救援路线，确定临时安置点的最佳位置，提高应急救援的效率和准确性。

在计算机视觉中，创业机遇还包括开发能够在小样本条件下实现高精度图像识别和分类的算法。例如，在医疗影像诊断领域，某些罕见疾病的病例样本数量有限，小样本学习算法可以通过利用少量的病例影像数据进行学习，准确地识别疾病特征，辅助医生进行诊断。

还可以深入研究对抗性学习在计算机视觉中的应用。例如，在视频监控系统中，利用对抗性学习算法可以提高对伪装目标（如穿着与环境相似颜色服装的人员）的检测能力，通过生成对抗网络（GAN）不断优化目标检测模型，使其能够更敏锐地识别出隐藏在复杂背景中的目标。

跨学科、领域的创业也会有很好的商业机会。比如，将计算机视觉技术与生物医学研究相结合，开展创新研究。具体例如，利用计算机视觉技术对细胞图像进行分析，通过对细胞形态、结构和运动轨迹的精确测量和分析，研究细胞的生理和病理机制，为新药研发和疾病诊断提供新的手段。

此外，也可以考虑计算机视觉与机器人学的融合，探索计算机视觉在机器人导航、操作和人机交互中的应用创新。例如，在工业机器人执行装配任务的过程中，通过计算机视觉技术让机器人能够准确地识别和抓取零部件，并且根据装配过程中的视觉反馈实时调整装配动作，提高装配精度和效率。

计算机视觉应用方面的创业，可以考虑零售行业的智能化升级，比如创办专注于零售行业的计算机视觉应用公司。具体业务例如，开发基于计算机视觉的智能货架系统，该系统可以通过摄像头实时监测货架上商品的陈列情况、缺货情况和顾客的选购行为。通过对这些视觉数据的分析，为零售商提供库存管理、商品陈列优化和营销策略制定等方面的决策支持，提高零售店铺的运营效率和销售额。

在教育领域智能化方面的应用，可以考虑成立专门为教育行业服务的计算机视觉企业。例如，研发用于在线教育的学生学习行为分析系统，通过摄像头捕捉学生在在线学习过程中的表情、姿态和动作等视觉信息，分析学生的学习状态（如专注度、疲劳度）和学习效果，为教师和家长提供反馈，帮助优化教学方法和学习策略。

15.2.4　人形机器人的发展空间展望

在人形机器人方面也有很多好的机会，资本市场这两年的表现，就说明了机遇所在。比如，轻量化和高刚性结构设计，即研发轻量化且具有高刚性的人形机器人身体结构。具体来说，可以采用新型复合材料（如碳纤维）来制造机器人的骨架，在减轻重量的同时保证足够的强度和刚度。这种结构设计可以提高人形机器人的运动速度和能量效率，使其能够长时间稳定运行，适用于服务、表演等领域。

在仿生关节和肌肉系统方面，可以开发仿生关节和肌肉系统，使人形机器人的运动更加自然和灵活。例如，模仿人类膝关节的结构和运动机理，设计具有缓冲和自适应功能的机器人膝关节。同时，利用人工肌肉材料或新型驱动技术（如电活性聚合物）来模拟人类肌肉的收缩和舒张，可以实现更加精细和流畅的肢体动作。

在智能控制和交互技术创新方面，基于脑机接口的控制技术，可以探索基于脑机接口（BCI）的人形机器人控制技术。例如，通过采集人类大脑的电信号，实现对人形机器人的直接控制。在医疗康复领域，这种技术可以帮助瘫痪患者通过大脑信号控制人形机器人辅助进行康复训练或日常生活操作。

在情感交互和社交机器人技术方面，可以研发具有情感交互能力的人形社交机器人。例如，通过面部表情识别、语音情感分析和情感表达机制，使人形机器人能够感知和回应人类的情感。在养老服务、儿童陪伴等领域，这种情感交互机器人可以提供更加人性化的服务和陪伴。

在人形机器人技术服务与配件供应方面，可以提供人形机器人的技术维护和升级服务。例如，为企业和机构用户的人形机器人提供定期的机械检查、软件更新和故障维修服务，确保机器人的正常运行。同时，还可以开展人形机器人配件的研发和生产，如高性能的电机、传感器和关节模块等，为人形机器人制造商提供优质的配件供应，促进人形机器人产业的发展。

AI 与机器人领域中的具身智能、空间智能、人形机器人领域充满了创新与创业的机遇。无论是硬件还是软件方面的创新，都有可能催生出新的商业模式和应用场景，为创业者和企业提供广阔的发展空间。

15.3　年轻一代的新宠：潮玩、陪伴、宠物机器人

15.3.1　陪伴机器人的实践探索

在 2025 年的 CES 展会上，一个名为 Ropet 的具身智能玩偶成为了新黑马。Ropet 由创业公司萌友智能打造，该公司由真知创投发起并联合创办于 2022 年。Ropet 的主要目标人群是 27 ～ 35 岁的女性，主打互动体验和情感抚慰。Ropet 内部集成了多模态感知系统，包括视觉和听觉传感器，用于捕捉用户的面部表情和分析用户声音及语调变化，体表的温度传感器会感知和记录用户在不同状态下的体温。通过这些传感器收集的数据，Ropet 内置的端侧模型会进行学习，通过离线的端侧计算，进行决策逻辑设计。经过不断训练和学习，每一只 Ropet 都会发展出自己的行为特点和相处模式。目前，

Ropet 在众筹平台 Kickstarter 上的筹款额超百万元，已售出超过 900 台，其中女性用户占比达 70%。

除了 Ropet 之外，还有多款宠物机器人引起了广泛关注。来自深圳的大象机器人在"CES 2025"上首次展出了搭载 AI 大模型的仿生宠物机器人。这些机器人根据真实动物的习性进行设计，涵盖猫、狗和熊猫等多种形象，全身覆盖细腻的仿生皮毛。它们具备先进的自然语言处理能力，能够实时响应用户的触摸与语音，通过生动的情感表达与行为逻辑，模拟真实宠物的互动体验。

日本公司 Yukai Engineering 推出了一款名为"Mirumi"的吉祥物树懒宝宝机器人。这款机器人可以挂在包上或手腕上，会自发转头看附近的人，实在是一个有趣的时尚单品。

Yukai Engineering 还展示了一个超迷你的小猫咖啡伴侣 Nékojita FuFu。把它挂在杯壁上，体内的小风扇就会旋转起来，从微微张开的猫猫嘴里吹出风，帮助用户把滚烫的热水吹凉。

Tombot 推出了一个非常逼真的拉布拉多小狗机器人 Jennie。这款机器人能够模拟真实宠物的行为和情感，提供"类生命体"的智能交互体验。

日本电子产品公司 Casio 公开发售了一款 AI 宠物 Moflin。这款宠物没有四肢，运动能力有限，但拥有毛茸茸的治愈系外表，是仓鼠与兔子的结合体。Moflin 会动会叫，会感知记忆，并拥有多种情绪反馈，甚至会随着时间以及互动频率产生强情感连接。

三星的 Ballie 机器球终于要上市了。这款机器人球可以在屋内四处走动，通过传感器获取视觉或音频信息，提供家庭安全守护和陪伴功能。

LG 在"CES 2025"上展示了自动驾驶机器人 AI home Hub Q9。这款机器人可以作为家庭的智能中心，提供多种智能服务，包括家庭安全监控和陪伴功能。

TCL 发布了一款宠物陪伴机器人 Ai Me。这款机器人可以通过摄像头录制视频，用 AI 识别物体，提供家庭安全守护和陪伴功能。

Enabot 的陪伴机器人可以在全屋移动，陪伴老人、小孩和宠物。这款机器人具备多种传感器，能够实时响应用户的触摸与语音，提供情感支持。

可以科技的宠物机器人Loona能和人进行语音交流，并能通过摆动耳朵来表达情绪与用户互动。这款机器人设计可爱，能够提供情感陪伴和互动体验。

ROLA Mini陪伴机器人则是用于给宠物搭个伴儿，它的前面有逗猫棒，后面的置物空间可以存放宠物粮，自动投喂。

这些宠物机器人在"CES 2025"上展示了各自独特的功能和设计，从仿生宠物到智能互动，从家庭安全到情感陪伴，涵盖了多种应用场景。随着AI技术的不断发展，这些宠物机器人将更加智能化和个性化，成为人类生活中的重要伙伴。

15.3.2　具身智能时代的情感需求

Ropet等具身智能玩偶可以为独居人群和老年人提供情感陪伴。例如，日本的家庭陪伴机器人LOVOT主打情感陪伴功能，每台全新的LOVOT会呈现不同的性格特点，有的热情和主人聊天，有的害羞不敢说话，它们甚至会根据与人们相处的时间、互动的过程的不同而展现不同的情感状态。截至2023年，LOVOT在日本的销售量超过1万台。

Ropet可以通过视觉、听觉和触觉传感器与用户进行互动。例如，当用户抚摸Ropet时，它会具有体温并发出可爱的声音，增强了用户的互动体验（如图15.1所示）。

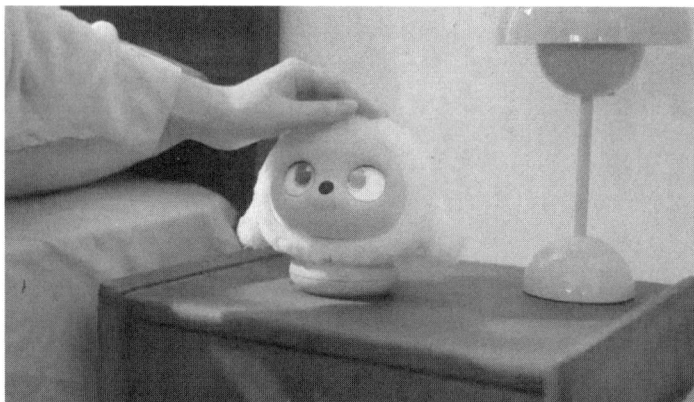

图15.1　Ropet机器人

具身智能玩偶可以作为儿童的学习辅助工具，通过互动游戏和教育内容，帮助儿童学习新知识。例如，一些儿童智能陪伴机器人可以通过语音交互和视觉展示，帮助儿童学习语言、数学和科学知识。

这些玩偶可以为儿童提供情感支持，减少孤独感。例如，Ropet 可以通过识别儿童的情绪变化，提供安慰和鼓励，帮助儿童更好地应对情绪问题。

具身智能机器人可以用于康复治疗，帮助患者进行物理康复训练。例如，一些康复机器人可以通过多模态感知系统，监测患者的康复进度，并提供个性化的康复方案。

在医疗环境中，具身智能玩偶可以为患者提供心理支持，减轻焦虑和孤独感。例如，Ropet 可以通过与患者的互动提供情感抚慰，帮助患者更好地应对治疗过程。

Ropet 等具身智能玩偶还可以作为办公环境中的减压工具，帮助用户缓解工作压力。例如，用户可以在工作间隙与 Ropet 互动，通过抚摸和交流放松心情。这些玩偶可以激发用户的创意和灵感，通过互动和反馈，帮助用户在工作中保持积极和创新的状态。

Ropet 的视觉传感器可以捕捉用户的面部表情和动作，识别用户的情绪状态。例如，当用户微笑时，Ropet 会作出相应的积极反应。听觉传感器可以分析用户的声音和语调变化，识别用户的情绪和需求。例如，当用户的声音显得焦虑时，Ropet 会提供安慰和鼓励。

体表的温度传感器可以感知用户的体温，增强互动的真实感。例如，当用户抚摸 Ropet 时，它会调节至具有体温，让用户感觉它仿佛是一个真正的小生命。

Ropet 内置的端侧模型可以进行离线计算，通过收集的视、听、触维度的互动数据，进行学习和决策。例如，Ropet 可以根据用户的互动历史，发展出独特的行为特点和相处模式。通过不断的学习和训练，Ropet 可以更好地适应用户的需求和偏好，提供更加个性化的陪伴体验。

据贝哲斯咨询的数据显示，2023 年全球陪伴机器人市场规模已达 750

亿元，预计 2029 年将达到 3043 亿元，2024—2029 年复合年增长率高达
25.56%。在细分市场中，儿童智能陪伴机器人和情感陪伴机器人市场增长迅
速。例如，Ropet 在 Kickstarter 众筹平台上的表现十分亮眼，已筹集超过 20.2
万美元，超出原定目标 150 倍，并售出超过 900 台。

15.3.3　宠物机器人面临的主要挑战

宠物机器人作为新兴的高科技产品，虽然在 CES 2025 等展会上大放异
彩，但在实际应用中仍面临诸多技术难点。以下是一些主要的技术挑战。

1. 多模态感知系统的融合

不同模态的数据格式、尺度、采样率等可能不同，直接融合存在困难。
例如，视觉数据和听觉数据的处理方式和数据量差异较大，需要复杂的算法
来实现有效的融合。

各模态的数据可能包含噪声，直接融合可能导致噪声叠加，影响模型性
能。例如，环境噪声可能干扰语音识别的准确性，而光线变化可能影响视觉
传感器的识别效果。

原始数据的维度和规模可能较大，增加了计算和存储的负担。例如，高
分辨率的图像和视频数据需要大量的存储空间和计算资源来处理。

2. 语音识别与自然语言处理

目前的 AI 宠物在语音识别准确率方面还有待提高，尤其是在嘈杂的环
境中，常常会出现误判或无法识别的情况。例如，Lovot 和 BabyAlpha 在嘈
杂环境中表现不佳。虽然 AI 宠物能够通过语音和动作等方式与人类进行互
动，但与真实宠物相比，其情感表达和回应的丰富度和自然度仍有较大差
距，难以完全满足人类对于情感陪伴的深层次需求。

3. 动作灵活性与自然度

AI 宠物的动作往往显得机械和生硬，缺乏真实宠物的灵动和活泼。例
如，BabyAlpha 虽然功能强大，但动作的自然度仍有待提高。

AI 宠物在执行复杂动作时的灵活性不足，在复杂环境中移动和互动时，
可能会出现摔倒或卡住的情况。例如，Lovot 在家中无人时可能会头朝下摔

倒，导致程序运行陷入混乱。

4. 情感交流的瓶颈

AI 宠物虽然能够通过语音和动作等方式与人类进行互动，但其情感表达和回应的丰富度和自然度与真实宠物相比仍有较大差距。例如，Ropet 虽然能够识别用户的情绪并做出反应，但与真实宠物相比，情感表达的深度和多样性仍有不足。

AI 宠物在模拟真实宠物的社交行为方面依然存在挑战，例如两只 Lovot 之间的互动虽然有趣，但与真实宠物之间的复杂社交行为相比，仍显得简单和有限。

5. 维护成本与技术门槛

AI 宠物作为高科技产品，其维护成本较高。一旦出现故障，普通用户往往缺乏专业知识和技能去自行修复，必须依赖专业的技术人员进行维修和保养。这意味着用户在购买之后，可能还要持续花钱。

AI 宠物的技术门槛较高，开发和维护需要专业的技术团队。例如，Ropet 的多模态感知系统和端侧模型需要复杂的算法和硬件支持，开发和维护成本较高。

15.3.4　宠物、陪伴机器人的发展展望

虽然面临诸多挑战，但是宠物机器人领域的发展态势还是一片大好，原因很简单：有需求。随着城市化进程的加快，独居人群和老龄化群体不断增加，孤独感日益成为一个普遍存在的问题。具身智能玩偶和陪伴机器人可以满足这些人群的情感需求，提供温暖的陪伴。

在儿童教育领域，具身智能玩偶可以作为学习辅助工具，帮助儿童更好地学习和成长。

具身智能玩偶和陪伴机器人通过多模态感知系统收集用户的大量数据，包括面部表情、声音、体温等。这些数据的收集和使用需要严格遵守隐私保护法规，确保用户的个人信息不被滥用。

在数据安全方面，开发者需要采取有效的安全措施，保护用户数据的安

全，防止数据泄露和被恶意利用。

具身智能玩偶和陪伴机器人可以提供情感支持，但也可能引发用户的情感依赖。开发者需要在设计和使用过程中，确保这些设备不会对用户的心理健康产生负面影响。

虽然这些设备可以提供情感陪伴，但它们无法完全替代真实的人际关系。开发者和社会需要共同探讨如何保持技术使用和真实社交的平衡。

未来的具身智能玩偶和陪伴机器人将更加深入地融合 AI 和物联网技术，实现更高效的互动和学习能力。例如，通过物联网设备，这些玩偶可以与其他智能设备互联互通，提供更全面的服务。

多模态学习技术将不断发展，使这些设备能够更好地理解和响应用户的需求。例如，通过视觉、听觉和触觉的多模态感知，Ropet 可以更准确地识别用户的情绪和需求。

未来的商业模式将更加多元化，包括硬件销售、软件服务和内容订阅等。例如，Ropet 计划在硬件销售的基础上，提供养成增值服务和 IP 运营，增加用户的黏性和消费。

随着技术的发展，具身智能玩偶和陪伴机器人将提供更加个性化的定制服务，满足不同用户的需求。例如，用户可以根据自己的喜好，定制玩偶的外观、性格和功能。

随着技术的普及，用户对具身智能玩偶和陪伴机器人的接受度将逐渐提高。开发者需要通过用户教育，帮助用户更好地理解和使用这些设备。

社会对这些设备的认可度也将逐渐提高，特别是在情感陪伴和儿童教育领域。开发者需要与社会各界合作，推动这些设备的广泛应用。

具身智能玩偶和陪伴机器人在家庭陪伴、儿童教育、医疗康养和办公陪伴等领域具有广泛的应用前景。随着技术的不断发展，这些设备将更加智能和个性化，提供更加丰富和真实的情感体验。然而，开发者和社会需要共同探讨和解决隐私保护、情感依赖等伦理问题，确保这些设备的健康和可持续发展。未来，具身智能玩偶和陪伴机器人将成为人类生活中的重要伙伴，为人类提供温暖的陪伴和支持。

15.4 资本市场与融资表现

15.4.1 人形机器人的融资现状

在资本市场的表现方面，人形机器人企业正受到前所未有的关注并掀起了广泛的投资热潮。

Figure AI 作为"全球第二家赚钱的人形机器人企业"，在资本市场的表现极为耀眼。公司在 2024 年 2 月获得了来自微软、英伟达、OpenAI 以及亚马逊创始人贝佐斯等投资人约 6.75 亿美元的新一轮融资，成为 2024 年全球人形机器人融资的"标王"。此轮融资不仅汇聚了硅谷的科技巨头，还为 Figure AI 补全了亟须的 AI 能力与算力资源。

Agility Robotics 完成了 1.5 亿美元新融资，用于扩大生产线和满足客户需求。该公司将目标市场聚焦在生产供应链和仓库自动化领域，并在 2024 年 11 月宣布与全球知名汽车零部件供应商舍弗勒集团达成战略合作投资。

国内人形机器人在资本市场和融资方面的表现非常活跃，2024 年上半年，国内人形机器人投融资事件已达 13 起，融资总金额超 25 亿元人民币。这一数据反映了资本市场对人形机器人行业的浓厚兴趣和投资热情。

2023 年，中国机器人行业共发生 134 起融资事件，其中近亿元与过亿元级融资事件共 52 起，融资金额总计约 200 亿元人民币。同年，中国人形机器人产业投融资迎来新高，投资案例达 22 起，已披露融资金额达 54.61 亿元人民币。

工业和信息化部印发《人形机器人创新发展指导意见》，明确提出到 2025 年我国人形机器人创新体系初步建立，整机产品达到国际先进水平并实现批量生产。这一政策为人形机器人产业的发展提供了坚实的基础，并吸引了更多的投资。

预计 2027 年中国人形机器人市场规模将达 27.6 亿元人民币，到 2029 年这一数字将攀升至 750 亿元人民币，而在 2035 年甚至可能达到 3000 亿元人民币。

15.4.2　人形机器人面临的资本挑战与机遇

尽管资本市场对人形机器人企业表现出极大的热情，但这一尚未全面商用的行业依然面临技术、资本与市场的多重挑战：人形机器人的复杂度和集成度要求极高，需要持续的技术创新和研发投入。核心硬件如环境感知硬件、运动执行硬件等还处在从发展期到成熟期的过渡中。人形机器人产业亟须掌握相关技能的人才，尤其是掌握软硬件一体、全栈开发的工程师。产业生态的构建和标准的制定是产业发展的关键。标准的缺失既是挑战也是机遇，需要全行业共同探讨和推进。

市场对人形机器人未来需求预期较高，但当前其应用场景仍有限，大规模商业化应用还需要时间。若市场需求不及预期，相关企业营收将受影响，概念股股价也会下跌。

据悉，普渡机器人已在全球60多个国家和地区实现销售，覆盖餐饮、零售、仓储物流、酒店、工业、医疗、教育、养老、公共服务等十大行业，积累了成熟的解决方案和项目落地经验，是全球出货量最高的商用服务机器人企业。其全尺寸双足人形机器人PUDU D9可完成直立行走、抗干扰、上斜坡等动作，并操作普渡另一款产品PUDU SH1完成地面清洁任务；类人形机器人PUDU D7的全向移动轮式底盘支持360度灵活转向，可在2D平面空间内实现更高的移动效率。

自2016年成立以来普渡机器人已累计获得超过10亿元融资，主要投资方包括美团、腾讯、红杉等顶级投资机构。这家公司将继续深化多形态、多品类产品矩阵战略，通过不同形态机器人的优势互补，进一步拓展在工业、家庭与商业领域的应用场景，实现全栈式具身智能。同时，还将持续优化技术，提升机器人的性能和智能化水平，加强全球本地化商业能力，巩固其在商用服务机器人市场的领先地位。

宇树科技也是具身智能资本市场的宠儿，目前的应用主要集中在相对容易落地的小场景和工业局部环节，如蔚来汽车工厂的搬运工作等，以定向训练为主，距离通用场景应用还有一定距离，机器人带来的商业价值尚未完全超过人工成本。

宇树科技的行业级机器狗 B2-W 展示了高难度体操动作、山地驾驭、急速涉水、攀爬湿滑石头坡等能力；H1 全尺寸人形机器人在蔚来汽车工厂参与搬运等工作，实现激光雷达定位、机器人操作、AI 识别等全自主流程。

宇树科技作为国内四足机器人领域的领军企业，于 2023 年发布了首款人形机器人 H1，并在 2024 年 3 月完成了人形机器人 H1 4.0 版本迭代。在融资方面，宇树科技于 2022 年完成 B 轮亿级融资，2023 年完成近 10 亿元人民币 B2 轮融资。此外，宇树科技在 2024 年年初完成了近 10 亿元人民币的融资，2024 年 9 月完成数亿元的 C 轮融资，由北京机器人产业投资基金等机构领投，美团龙珠、中关村科学城、琥珀资本、上海科创基金、红杉资本中国、中信证券、祥峰投资中国基金等参与投资。未来，宇树科技将继续以硬件研发为核心竞争力，不断提升机器人的硬件性能，同时积极与大模型公司合作，加强 AI 技术的整合与应用。在场景拓展方面，这家公司将逐步从工业局部环节向更广泛的领域拓展，特别是家用场景，致力于提高机器人的通用性和实用性。

智元机器人已在 G2 阶段实现的通用原子技能如位姿估计模型 UniPose、抓取模型 UniGrasp、力控插拔模型 UniPlug 等已在多个实际场景中得到商业应用，主要应用于交互场景和柔性制造场景。远征 A2 系列机器人专注于营销客服、展厅讲解、商超导览等场景；A2-W 面向柔性制造，能够将工人从枯燥、耗时耗力、重复性高或高危险性的岗位中释放出来；A2-Max 则以 40kg 负载能力锁定重载搬运、码垛等应用场景。

智元机器人在 2023 年 2 月份成立，当年便完成了 5 轮融资。2024 年 3 月 20 日，智元机器人再次获得投资，投资方包括 M31 资本、红杉中国、尚顾资本等，合计 21 家参投机构。2024 年 9 月，智元机器人完成 A++++++ 轮融资，投资方包括慕华创投、软通动力、LCVPF Holdco Limited、慕华资本以及中科创星等。未来，这家公司将继续以 B 端应用驱动技术迭代，通过在 B 端的不断积累，逐步向 C 端家庭场景拓展。在技术方面，智元机器人将持续优化具身智脑 EI-Brain 框架和动作编排大模型，提升机器人的智能化水平和任务执行能力，加快通用机器人的商用量产和规模化应用。

15.4.3 具身智能赛道的投资者热情与技术平衡

DeepSeek 通过开源大模型（如 DeepSeek V3/R1）和优化 AI Infra（如 3FS 系统）降低了具身智能开发门槛，迫使传统大模型厂商加速底层技术突破。例如，驿心科技基于 DeepSeek 启发，聚焦 GPU 服务器存储与网络传输优化，近期完成了 A 轮融资，用于自研分布式训练框架。

具身智能正在与工业、医疗、家庭服务场景加速融合，推动融资向垂直领域集中。例如，Figure 的 Helix 模型通过强化视觉运动策略，实现机器人全身控制与多机协作，吸引了红杉资本领投 1.2 亿美元。

DeepSeek 通过动态采样、模型蒸馏等技术降低了推理成本，倒逼具身智能企业提升硬件能效比。月之暗面推出了多模态推理模型 k1.5，其训练成本较传统方案下降 40%，推动公司估值半年内增长 3 倍。

银河通用目前已在无人值守药店、商超和物流分拣等场景实现应用，可完成药品上架、零食取送、开柜子、开抽屉、晾衣服等泛化操作，其 Galbot G1 可在无人值守的零售商超中完成盘点、补货、取货、打包等全流程工作。

银河通用在 2024 年 6 月获得了国内最大的一笔天使轮融资（7 亿元人民币），11 月 18 日又获得了 5 亿元人民币的天使轮融资，两轮融资均由 IDG 领投。成立一年多以来，其融资规模已超过 10 亿元。该公司将继续聚焦双手操作的应用场景，通过优化分层智能架构，提高机器人的操作效率和响应速度。在场景拓展方面，银河通用将按照从无人值守药店、商超和物流分拣等场景逐步向工业、物流、科研、教育以及家庭等应用场景拓展的规划稳步推进。

普渡机器人在商用服务机器人领域的应用最为广泛和成熟，覆盖行业多且全球市占率高；宇树科技目前在工业局部环节和特定小场景有一定应用，但通用场景应用尚需拓展；智元机器人在 B 端的交互场景和柔性制造场景取得了一定进展，并开始向更多场景拓展。

在技术架构方面，普渡机器人采用多技术栈并行发展和创新的大小脑分离架构；宇树科技注重硬件能力与 AI 的协同；智元机器人强调具身智脑架构创新和动作编排大模型；银河通用则采用大小模型协同的分层智能架构。

AI 大模型与机器人控制的边界将逐渐模糊，各公司将更加注重技术的融合与创新，以提升机器人的智能化水平和任务执行能力。

从实验室走向真实应用的步伐将加快，各公司将积极拓展机器人的应用场景，特别是家庭、工业、物流等领域，以实现规模化经济效益。

各家公司都在寻找最适合自己的发展路径，可能会出现更多的合作与联盟，共同推动行业的发展。例如，银河通用与美团签署战略合作协议，共同开拓线下零售、智慧货仓、智慧物流等领域。

整个行业将形成更开放和多元的发展生态，机器人企业将与上下游企业、科研机构、高校等加强合作，共同构建完整的产业链和创新生态。

在成本与性能平衡方面，企业需要在保证性能的同时实现商业可行性，通过技术创新和成本控制，降低机器人的制造成本和运营成本，提高性价比。

当前机器人在场景迁移和任务泛化方面还需突破，未来各公司将致力于提高机器人的通用化能力，使其能够适应更多不同的场景和任务。

在海外，尽管 Figure AI 和 Agility Robotics 在资本市场上表现出色，但仍有许多企业面临着从研发到商业化的挑战。例如，一些企业虽获融资，但仍在研发阶段，距离商业化还有一段距离。如何平衡投资者的热情和实际的技术进展，是行业面临的重大挑战。此外，一些企业因投入大量资源进行研发和市场拓展，导致业绩亏损。若未来业绩无法兑现市场预期，市值将面临回调压力。

未来，技术栈全链条覆盖将成为融资焦点，投资者将更关注"感知—决策—执行"全链路能力。

感知层：多模态融合技术（如 DeepSeek VL2 视觉语言模型）将驱动融资，例如触觉传感器厂商 TactileAI 已完成 B 轮融资，估值达 8 亿美元。

决策层：强推理模型（如 DeepSeek R1 长链思考模式）成投资热点，国内已有 10 余家创业公司聚焦此方向。

执行层：高精度关节电机与轻量化材料研发获资本加码，如宇树科技新一轮融资中 60% 资金用于微型电动推杆产线扩建。

开源生态构建加速了头部企业的聚集，DeepSeek 的开源策略引发了"大脑平权"效应，具身智能企业的估值分化正在加剧：部分厂商通过自研核心算法（如 MagicHand 力位混合控制）构建壁垒；部分玩家则依赖开源模型优化应用层，如某机器人接入大模型后，获地方政府产业基金注资 2 亿元。

2025 年工业级具身智能机器人融资占比或超 60%，在汽车制造领域，特斯拉 Optimus 代工企业拓普集团定向增发 50 亿元，用于具身智能产线升级；在半导体检测领域，思灵机器人凭借 DeepSeek 驱动的缺陷识别算法，完成了 C+ 轮融资，投后估值达 12 亿美元。

15.5　具身智能、空间智能与新兴技术：量子计算、生物芯片

15.5.1　具身智能与量子计算的双向赋能

量子计算利用量子比特（qubit）的独特性质，如叠加态和纠缠态，能够实现比传统计算更高效的计算能力。对于具身智能来说，量子计算可以在多个方面为其带来突破。在路径规划方面，具身智能体在复杂环境中的路径规划往往涉及大量的计算，量子计算的并行计算能力可以快速搜索所有可能的路径，找到最优解。例如，在城市交通场景中，具身智能交通指挥系统如果采用量子计算，能够在瞬间处理海量的车辆行驶路线数据，为每辆车规划出最快捷的路线，从而可以减少交通拥堵。

在 2024 年的 CES 展会上，英伟达 CEO 黄仁勋不仅发布了备受业界期待的 GeForce RTX 50 系列 GPU，还谈论了当前风头最劲的量子计算。黄仁勋认

为，"非常有用"的量子计算机可能还需要几十年的时间才能实现。他指出，如果有人说15年内就能制造出非常有用的量子计算机，那可能有点早；如果说是30年，那可能已经晚了；如果说是20年，我想我们很多人都会相信。

英伟达在量子计算市场具有巨大的影响力，曾因为一系列量子计算合作，推动美股量子计算上市公司股价飙涨。不出意外，在黄仁勋发表上述言论后，美股量子计算上市公司股价立刻反应，多家公司在盘后交易中跌幅均超过10%。美股量子计算上市公司的股价在过去半年里实现了疯狂上涨，其中典型如Rigetti Computing，过去三个月涨幅最高超过28倍。

量子计算机和具身智能的结合将开启技术的创新新时代。量子计算的巨大计算能力与具身智能的自适应和解决问题的能力结合在一起，将带来巨大的飞跃。量子计算机使用量子比特，这允许它们同时处于多个状态，利用纠缠和叠加等原理，理论上可以比当今最快的微芯片计算机快数百万倍。

具身智能机器人需要低算力、多模态、跨平台的轻量化模型的高效支撑，非Transformer架构的模型也在快速发展。量子计算机的高效计算能力可以为具身智能提供更强大的支持，特别是在处理复杂任务和大规模数据集时。例如，量子机器学习可以帮助具身智能机器人在不可预知的情况下实时作出优化决策。

量子计算机可以处理经典计算机难以处理的大型分子模拟，揭示各种以前未知的化合物，为各种疾病提供新的治疗方法。

例如，Google公司在2020年提出的TensorFlow Quantum（TFQ）框架，允许对混合量子经典机器学习模型进行快速原型设计。

量子计算机在解决优化任务方面具有巨大优势，可以应用于供应链管理、物流优化等领域。例如，量子算法可以优化物流路径，提高运输效率，降低运营成本。

量子计算与人工智能的结合将显著提升机器学习的性能，特别是在计算机视觉、模式识别、语音识别、机器翻译等方面。例如，量子机器学习可以提高具身智能机器人的感知和决策能力，使其在复杂环境中更加灵活和高效。

展望未来，具身智能机器人需要高效的支撑，非Transformer架构的模型正在快速发展。完善的仿真环境与世界模型有利于具身智能机器人适应能力的提升。通过仿真平台进行物体运动、形变、环境的光电气热变化等现象的模拟仿真和建模分析，可以优化机器人的运动控制算法。

高质量、多样化的数据是具身智能机器人各项技术和研发工作的关键要素。国内外具身智能机器人产学研正在联合起来共同发力构建具身智能机器人数据集，如 Open X-Embodiment 项目。

具身智能机器人有多种物理载体形态，如协作机器人、移动机器人、商用服务机器人等。人形机器人是具身智能机器人的高阶形态，有望实现对物理环境的高度通用适应。

量子算法可以优化具身智能机器人的感知和决策算法，使其在复杂环境中更加灵活和高效。例如，量子算法可以优化物流路径，提高运输效率，降低运营成本。

量子计算机可以加速具身智能机器人的训练过程，提高训练效率。

自动驾驶汽车是具身智能的一个成熟实现，量子计算可以进一步提升其性能。例如，量子算法可以优化自动驾驶汽车的路径规划和决策过程，提高行驶安全性和效率。

量子计算可以提升医疗机器人的性能，特别是在手术辅助和康复治疗方面。例如，量子算法可以优化医疗机器人的运动控制和感知能力，提高手术精度和康复效果。

量子计算可以提升工业机器人的性能，特别是在复杂任务的执行和优化方面。例如，量子算法可以优化工业机器人的生产流程，提高生产效率和质量。

量子计算机和具身智能的结合将开启技术的创新新时代，带来巨大的飞跃。量子计算的巨大计算能力与具身智能的自适应和解决问题的能力结合在一起，将解决传统计算机难以解决的问题。未来，量子计算机和具身智能的结合将在自动驾驶、医疗、工业等领域展现出巨大的应用潜力，推动技术的快速发展和创新。

谷歌的量子计算研究已经取得了一定的进展。设想将其应用于具身智能仓库机器人，仓库中货物的存储和搬运路径规划是一个复杂的问题，传统计算可能需要较长时间来优化路径，而量子计算可以在短时间内处理大量的货物位置、机器人位置和仓库布局数据，使机器人能够以最高效的方式完成搬运任务。这不仅提高了工作效率，还能降低能源消耗。

15.5.2　生物芯片与具身智能、空间智能

生物芯片是将生物分子（如 DNA、蛋白质等）集成在芯片上，实现生物信息的快速检测和处理。对于具身智能，生物芯片可以用于赋予智能体更敏锐的感知能力。例如，在医疗具身智能机器人中，生物芯片可以集成在传感器上，用于检测患者体内的生物标志物，如癌细胞释放的特定蛋白质。这种基于生物芯片的传感器能够提供比传统传感器更精准的检测结果，帮助机器人更好地诊断疾病。

在生物医学研究中，已经有利用生物芯片检测疾病的案例。设想将这种技术应用于具身智能护理机器人，例如，在老年护理场景中，机器人可以通过内置的生物芯片传感器检测老年人的身体状况，如血糖、血压等生物指标。当检测到异常时，机器人可以及时通知医护人员，并采取相应的护理措施，如提醒老人服药等。这有助于提高老年人的生活质量和健康保障。

空间智能涉及对空间信息的感知、理解、分析和操作能力。在实际应用中，空间智能广泛存在于地理信息系统、机器人导航、虚拟现实等领域。例如，在自动驾驶汽车中，空间智能使其能够感知周围车辆、行人、道路标志等的位置，并根据这些空间信息作出安全的驾驶决策。

在空间数据处理方面，量子计算可以大大提高效率。空间智能往往需要处理大量的地理数据，如卫星遥感图像数据、城市三维模型数据等。量子计算的高速计算能力可以加速数据的处理和分析过程。例如，在对全球气候变化的研究中，通过卫星遥感获取的海量地球表面温度、植被覆盖等空间数据，利用量子计算可以快速分析出气候变化的趋势和规律，为应对气候变化提供科学依据。

IBM 在量子计算领域有深入的研究。假设有一个基于空间智能的城市规

划项目，需要分析城市中不同区域的人口密度、土地利用类型、交通流量等空间数据，以确定最佳的城市发展方案，传统计算方法可能需要数周甚至数月的时间来处理这些数据，而如果采用 IBM 的量子计算技术，能够在短时间内完成数据分析，为城市规划师提供及时、准确的决策支持，例如确定新的商业中心或公共设施的最佳位置。

生物芯片在空间智能中的应用主要体现在生物空间信息的获取和分析上。在生物领域，研究细胞的空间分布和相互作用对于理解生命过程至关重要。生物芯片可以帮助获取细胞的空间位置信息，并通过对芯片上生物分子的分析，揭示细胞之间的通信机制等空间智能相关信息。例如，在癌症研究中，了解癌细胞在组织中的空间分布和扩散路径，对于制定治疗方案有重要意义。

在生物实验室中，研究人员使用生物芯片技术研究肿瘤微环境。通过生物芯片可以检测肿瘤细胞、免疫细胞、血管内皮细胞等在肿瘤组织中的空间分布和相互作用。这种基于生物芯片的空间智能分析方法有助于发现新的癌症治疗靶点。将这种技术进一步拓展，如果应用于空间智能医疗诊断系统，医生可以更准确地判断肿瘤的发展阶段和侵袭范围，从而制定更有效的治疗方案。

量子计算和生物芯片虽然属于不同的技术领域，但它们在数据处理和生物信息学等方面有协同发展的潜力。量子计算的强大计算能力可以加速生物芯片数据的分析和处理过程。例如，在基因测序中，生物芯片可以快速获取基因序列数据，但对这些数据的分析和解读往往需要大量的计算。量子计算可以利用其并行计算优势，快速比对基因序列，寻找基因变异和疾病相关的基因位点。

在个性化医疗领域，这种协同发展有广阔的应用前景。例如，通过生物芯片对患者的基因样本进行检测，获取患者的基因信息，然后，利用量子计算对这些基因信息进行分析，预测患者对不同药物的反应。医生可以根据量子计算和生物芯片的分析结果，为患者制定个性化的治疗方案，提高治疗效果，减少药物不良反应。

量子计算和生物芯片本身就是高度复杂的技术。将它们应用于具身智能和空间智能需要解决许多技术难题。例如，量子计算需要在极低温等特殊环境下运行，如何将其集成到具身智能体或空间智能系统中是一个挑战。生物芯片在稳定性和可靠性方面也需要进一步提高，以适应复杂的实际应用环境。

具身智能和空间智能涉及计算机科学、机械工程、控制理论等多个学科，而量子计算和生物芯片又分别属于量子物理和生物工程领域。实现这些技术的融合需要跨学科的知识和人才。目前，能够同时精通这些领域的专业人才非常稀缺，这限制了新兴技术在具身智能和空间智能中的应用。

新兴技术的应用能够极大地提升具身智能和空间智能的性能。量子计算可以为智能体提供更强大的计算能力，使其在决策和规划方面更加高效。生物芯片可以增强智能体的感知能力，使其能够获取更丰富、更准确的信息。例如，在深海探索具身智能机器人中，利用生物芯片可以检测深海生物释放的化学信号，帮助机器人更好地探索深海生态系统。

新兴技术的融合为具身智能和空间智能带来了新的应用场景。在航天领域，具身智能和空间智能结合量子计算和生物芯片可以实现对太空环境的更精准探测和宇航员健康的更好保障。例如，在太空站中，利用生物芯片监测宇航员的生理指标，利用量子计算优化太空站的资源分配和设备运行，具身智能和空间智能机器人可以辅助宇航员完成太空作业，拓展人类在太空的探索范围。

具身智能和空间智能与量子计算、生物芯片等新兴技术的结合具有巨大的潜力。尽管目前面临着一些挑战，但随着技术的不断发展和跨学科研究的深入，这些新兴技术将为具身智能和空间智能带来前所未有的发展机遇，推动相关领域走向新的高度。

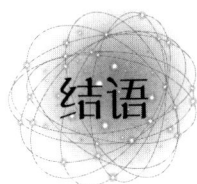

总结与展望：科技融合的星辰大海

在算法与算力的双重革新浪潮中，具身智能正以"虚拟与现实深度融合"的姿态，重塑人类与技术的共生边界。以 DeepSeek 为代表的国运级产品，通过算法突破、硬件自主、生态共建三大引擎，推动具身智能迈向"感知—决策—执行"闭环的终极形态，而 OpenAI o1 的阶段性突破则如同一面镜子，既映照出技术演进的无限可能，也揭示了攀登"通用智能顶峰"的漫长征途。

然而，在机器人发展的漫漫征途中，具身智能与空间智能才可能是真正指向终极的路径，而非生成式人工智能。具身智能赋予机器人身体与环境交互的能力，让它们如同在现实世界中成长的生命，通过自身的行动与感知获取智慧。空间智能则为机器人开启了感知、理解和操作空间信息的大门。而生成式人工智能，虽能在语言的世界里大放异彩，却始终像是漂浮在虚拟云端的幻梦，难以真正触及现实世界的核心。具身智能与空间智能将引领机器人走出一条扎根于现实、绽放于实用的发展之路，成为机器人真正走向辉煌的关键钥匙。

在未来，具身智能、空间智能和人形机器人将深度融合。人形机器人将成为具身智能和空间智能的理想载体。例如，在救援场景中，融合了具身智能和空间智能的人形机器人可以利用其身体的灵活性进入废墟，通过空间智能准确感知被困人员的位置，并基于具身智能做出精准的救援动作，如移除障碍物、搬运伤者等。

在家庭服务方面，人形机器人可以借助空间智能了解家庭环境布局，利用具身智能完成如打扫、整理物品等家务，并且能够根据家庭成员的需求和习惯提供个性化的服务，如提醒老人按时服药、陪孩子做游戏等。

量子计算的强大计算能力将为具身智能、空间智能和人形机器人带来突破。在复杂环境的路径规划和决策中，量子计算可以快速处理海量数据，实现最优方案的选择。例如，在大规模物流仓库中，融合量子计算的具身智能机器人可以瞬间规划出最合理的货物搬运路线，大大提高了物流效率。生物芯片技术可赋予这些智能系统更敏锐的感知能力。在医疗领域，人形机器人结合生物芯片可以对患者进行更精准的健康监测，通过检测生物标志物来早期诊断疾病。比如，在心血管疾病监测中，带有生物芯片的人形机器人可以实时检测患者血液中的相关指标，提前预警病情变化。

在手术方面，人形机器人结合具身智能和空间智能可以实现更精准的手术操作。通过空间智能准确构建患者体内的三维结构模型，具身智能控制机器人的手术器械进行精细操作，能够减少手术创伤，提高手术成功率。例如，在脑部手术中，机器人可以根据术前的影像数据（空间智能）和术中的实时反馈（具身智能），避开重要神经和血管，精确地切除病变组织。

在康复护理方面，人形机器人可以根据患者的身体状况和康复需求（空间智能分析），利用具身智能调整护理动作和方式，如为瘫痪患者进行个性化的肢体康复训练，帮助患者更快地恢复运动功能。

人形机器人教师可以利用空间智能营造逼真的演示场景，例如在地理课上，通过虚拟场景展示山脉、河流等地理环境，让学生有身临其境之感。同时，具身智能使机器人能够根据学生的课堂表现和学习进度，调整教学策略，如对学习困难的学生进行针对性的辅导，提高教育教学质量。

在未来的太空站建设和星球探索中，人形机器人将发挥重要作用。利用空间智能，机器人可以对太空环境和星球表面进行精确测绘和分析，具身智能使其能够在微重力或复杂地形环境下灵活操作工具和设备。例如，在火星探索中，机器人可以通过空间智能确定最佳的样本采集地点，然后利用具身智能进行样本采集和分析操作，为人类的深空探索提供重要的数据支持。

随着具身智能、空间智能和人形机器人的发展，一些重复性强、危险性高的工作将逐渐被机器人取代。例如，在制造业中，大量的装配工作可能由机器人完成，这将导致相关岗位的减少，然而，同时也会催生新的就业机会，如机器人的研发、维护、编程和管理等岗位。社会需要加强对劳动力的再培训，以适应这种就业结构的变化。

具身智能将推动人类从"地球文明"迈向"星际文明"。当国运级产品实现"太空机械臂自主维修卫星"或"火星基地机器人集群建设"时，其意义已超越商业竞争，成为文明存续的基石。在这星辰大海的征程中，每一次算法迭代、每一块国产芯片、每一个生态节点的诞生，都在为人类写下新的生存注解，智能不再困于云端，而是扎根大地，触摸星河。

具身智能、空间智能和人形机器人正处于快速发展阶段，它们的融合以及与其他新兴技术的结合将开启科技发展的新篇章。虽然在前进的道路上会面临诸多挑战，但它们所展现出的潜力如同星辰大海般广阔，将对人类社会产生深远的影响。我们需要在推动技术进步的同时，积极应对可能出现的社会和伦理问题，确保这些技术能够造福人类。